W0256549

Sitzungsberichte der Heidelberger Akademie der Wissenschaften

Mathematisch-naturwissenschaftliche Klasse

Die Jahrgänge bis 1921 einschließlich erschienen im Verlag von Carl Winter, Universitäts-buchhandlung in Heidelberg, die Jahrgänge 1922—1933 im Verlag Walter de Gruyter & Co in Berlin, die Jahrgänge 1934—1944 bei der Weiß'schen Universitätsbuchhandlung in Heidelberg. 1945, 1946 und 1947 sind keine Sitzungsberichte erschienen.

Jahrgang 1938.

1. K. FREUDENBERG und O. WESTPHAL. Über die gruppenspezifische Substanz A (Untersuchungen über die Blutgruppe A des Menschen). DMark 1.20.
2. Studien im Gneisgebirge des Schwarzwaldes. VIII. O. H. ERDMANNSDÖRFFER. Gneise im Linachtal. DMark 1.—.
3. J. D. ACHELIS. Die Ernährungsphysiologie des 17. Jahrhunderts. DMark 0.60.
4. Studien im Gneisgebirge des Schwarzwaldes. IX. R. WAGER. Über die Kinzigit-gneise von Schenkenzell und die Syenite vom Typ Erzenbach. DMark 2.50.
5. Studien im Gneisgebirge des Schwarzwaldes. X. R. WAGER. Zur Kenntnis der Schapbachgneise, Primärtrümer und Granulite. DMark 1.75.
6. E. HOEN und K. APPEL. Der Einfluß der Überventilation auf die willkürliche Apnoe. DMark 0.80.
7. Beiträge zur Geologie und Paläontologie des Tertiärs und des Diluviums in der Um-gebung von Heidelberg. Heft 3: F. HELLER. Die Bärenzähne aus den Ablagerungen der ehemaligen Neckarschlinge bei Eberbach im Odenwald. DMark 2.25.
8. K. GOERTTLER. Die Differenzierungsbreite tierischer Gewebe im Lichte neuer experimenteller Untersuchungen. DMark 1.40.
9. J. D. ACHELIS. Über die Syphilisschriften Theophrasts von Hohenheim. I. Die Pathologie der Syphilis. Mit einem Anhang: Zur Frage der Echtheit des dritten Buches der Großen Wundarznei. DMark 1.—.
10. E. MARX. Die Entwicklung der Reflexlehre seit Albrecht von Haller bis in die zweite Hälfte des 19. Jahrhunderts. Mit einem Geleitwort von Viktor v. Weizsäcker. DMark 3.20.

Jahrgang 1939.

1. A. SEYBOLD und K. EGLE. Untersuchungen über Chlorophylle. DMark 1.10.
2. E. RODENWALDT. Frühzeitige Erkennung und Bekämpfung der Heeresseuchen. DMark 0.70.
3. K. GOERTTLER. Der Bau der Muscularis mucosae des Magens. DMark 0.60.
4. I. HAUSSER. Ultrakurzwellen. Physik, Technik und Anwendungsgebiete. DMark 1.70.
5. K. KRAMER und K. E. SCHÄFER. Der Einfluß des Adrenalins auf den Ruheumsatz des Skeletmuskels. DMark 2.30.
6. Beiträge zur Geologie und Paläontologie des Tertiärs und des Diluviums in der Um-gebung von Heidelberg. Heft 2: E. BECKSMANN und W. RICHTER. Die ehemalige Neckarschlinge am Ohrsberg bei Eberbach in der oberpliozänen Entwicklung des südlichen Odenwaldes. (Mit Beiträgen von A. STRIGEL, E. HOFMANN und E. OBER-DORFER.) DMark 3.40.
7. Studien im Gneisgebirge des Schwarzwaldes. XI. O. H. ERDMANNSDÖRFFER. Die Rolle der Anatexis. DMark 3.20.
8. Beiträge zur Geologie und Paläontologie des Tertiärs und des Diluviums in der Um-gebung von Heidelberg. Heft 4: F. HELLER. Neue Säugetierfunde aus den alt-diluvialen Sanden von Mauer a. d. Elsenz. DMark 0.90.
9. K. FREUDENBERG und H. MOLTER. Über die gruppenspezifische Substanz A aus Harn (4. Mitteilung über die Blutgruppe A des Menschen). DMark 0.70.
10. I. VON HATTINGBERG. Sensibilitätsuntersuchungen an Kranken mit Schwellenver-fahren. DMark 4.40.

Sitzungsberichte
der Heidelberger Akademie der Wissenschaften

Mathematisch-naturwissenschaftliche Klasse

Jahrgang 1950, 8. Abhandlung

Konstruktion der Modulformen und der zu gewissen Grenzkreisgruppen gehörigen automorphen Formen von positiver reeller Dimension und die vollständige Bestimmung ihrer Fourierkoeffizienten

Von

Hans Petersson

Hamburg

Vorgelegt in der Sitzung vom 1. Juli 1950

Heidelberg 1950

Springer-Verlag

ISBN-13: 978-3-540-01503-1   e-ISBN-13: 978-3-642-48039-3
DOI: 10.1007/978-3-642-48039-3

Konstruktion der Modulformen
und der zu gewissen Grenzkreisgruppen gehörigen automorphen Formen
von positiver reeller Dimension und die vollständige Bestimmung ihrer Fourierkoeffizienten.

Von

Hans Petersson, Hamburg *.

---

* Herrn ERHARD SCHMIDT zum 75. Geburtstag gewidmet.

§ 1. Einleitung. Problemstellung.

Das Problem, die FOURIER-Koeffizienten der Modulformen von positiver Dimension zu bestimmen, das hier für die Funktionen der vollen Modulgruppe und für die gewisser Grenzkreisgruppen von beliebigem Geschlecht und beliebigen Moduln behandelt und vollständig gelöst wird, ist in der mathematischen Literatur bisher zweimal diskutiert worden, jedesmal im Anschluß an einen entscheidenden Fortschritt, den man in der Theorie der Partitionenfunktion vorher erzielt hatte. Der Zusammenhang zwischen diesen Gegenständen beruht darauf, daß die Partitionenanzahlen $p(n)$ $(n = 1, 2, \ldots)$ als FOURIER-Koeffizienten in der Entwicklung der Modulform $\eta(\tau)^{-1}$ auftreten, wo

$$\eta(\tau) = \sqrt[24]{\Delta(\tau)} = e^{\frac{\pi i}{12}\tau} \prod_{m=1}^{\infty} \left(1 - e^{2\pi i m \tau}\right) \tag{1.1}$$

und τ eine komplexe Variable mit positivem Imaginärteil bezeichnet; es gilt

$$\eta(\tau)^{-1} = \sum_{n=0}^{\infty} p(n)\, e^{2\pi i (n-\varkappa)\tau} \qquad \left(\varkappa = \frac{1}{24}\right). \tag{1.2}$$

$\eta(\tau)$ ist ein durch die RIEMANN-DEDEKINDschen Untersuchungen wohlbekanntes Objekt; die klassischen Ergebnisse dieser Untersuchungen ermöglichten HARDY und RAMANUJAN die Anwendung der (von HARDY-LITTLEWOOD sehr viel früher konzipierten, aber in der Literatur völlig neuen) Methode der FAREY-dissection mit dem höchst überraschenden Erfolg[1]

$$p(n) = \frac{1}{2\pi\sqrt{2}} \sum_{1 \leq k \leq \alpha\sqrt{n}} A_k(n)\, \sqrt{k}\, \frac{d}{dn}\left\{\frac{\exp\left(\frac{\pi}{k}\sqrt{\frac{2}{3}(n-\varkappa)}\right)}{\sqrt{n-\varkappa}}\right\} + O\left(n^{-\frac{1}{4}}\right), \tag{1.3}$$

wo $\varkappa = \frac{1}{24}$, α eine beliebige von n unabhängige positive Zahl und $A_k(n)$ eine Exponentialsumme von der Gestalt

$$A_k(n) = \sum_{\substack{h \bmod k \\ (h,k)=1}} \omega_{h,k}\, e^{-2\pi i \frac{nh}{k}} \tag{1.4}$$

angibt; $\omega_{h,k}$ ist diejenige von DEDEKIND bestimmte 24. Einheitswurzel, welche bei der Ausübung von Modulsubstitutionen auf die

---

[1] HARDY, G. H., u. S. RAMANUJAN: Asymptotic formulae in combinatory analysis. Proc. Lond. math. Soc. Bd. 17 (1918) S. 75—115.

Funktion (1.1) in Erscheinung tritt[2]. Zu den Einzelheiten der Entdeckungsgeschichte von (1.3) und der Methodik der FAREY-dissection vgl. die aufschlußreiche und überaus reizvolle Darstellung HARDYs in [3].

Die Formel (1.3) ist in zwei Hinsichten von Bedeutung: Erstens gibt sie für die Werte einer ganzwertigen arithmetischen Funktion von n bis auf einen Fehler, der mit wachsendem n gegen Null strebt, eine asymptotische Entwicklung von const $\sqrt{n}$ Gliedern elementarer Bauart, deren Größenordnungen schrittweise steil abfallen. Zweitens hat man zu beachten, daß der Beweis von (1.3) nichts von speziellen Darstellungen, etwa (1.1) der Funktion $\eta(\tau)$ benutzt, sich vielmehr lediglich auf die funktionalen Eigenschaften von $\eta(\tau)^{-1}$ gründet. Diese besagen, daß $\eta(\tau)^{-1}$ eine Modulform der Dimension $+\frac{1}{2}$ mit gewissen Multiplikatoren ist, die sich in der oberen τ-Halbebene überall regulär-analytisch verhält und im Unendlichen den im Fundamentalbereich einzigen Pol der gebrochenen Ordnung $\varkappa = \frac{1}{24}$ mit dem Hauptteil $e^{-2\pi i \varkappa \tau}$ besitzt. Demgemäß kann (1.3) dahin interpretiert werden, daß hier *eine explizite asymptotische Entwicklung für die FOURIER-Koeffizienten einer durch ihre Hauptteile eindeutig gekennzeichneten Modulform positiver Dimension* gegeben wird. Dieser Auffassung entspricht dann die Problemstellung der ersten nicht auf spezielle Funktionen beschränkten Untersuchung[4] von HARDY und RAMANUJAN über die FOURIER-Koeffizienten von Modulformen positiver Dimension. Dabei handelt es sich um Modulformen von positiver ganzzahliger Dimension, die sich in der oberen Halbebene bis auf einfache Pole und im Unendlichen regulär verhalten.

Über die Darstellung (1.3) ist ergänzend zu bemerken, daß die in dem O-Glied enthaltene Konstante zwar nicht von n, aber von α abhängt. Da eine numerische Abschätzung dieser Konstanten zu ungeheuren Werten führte, erwies sich die Formel (1.3) als ungeeignet zur Berechnung der Zahlwerte $p(n)$ für größere n, und zwar

---

[2] DEDEKIND, R.: Ges. Werke Bd. 1, S. 175—201. — RADEMACHER, H.: Bestimmung einer gewissen Einheitswurzel in der Theorie der Modulfunktionen. J. Lond. math. Soc. Bd. 7 (1932) S. 14—19.

[3] HARDY, G. H.: Ramanujan (12 lectures), s. insbes. Chapter VIII. Cambridge: Univ. Press 1940.

[4] HARDY, G. H., u. S. RAMANUJAN: On the coefficients in the expansions of certain modular functions. Proc. Roy. Soc. (London) A Bd. 95 (1919) S. 144—155.

sogar dann, wenn dem Fehlerbetrag auf Grund gewisser Kongruenzeigenschaften der $p(n)$ ein sehr viel größerer Spielraum als $\frac{1}{2}$ eingeräumt werden konnte. Auch die Konvergenzuntersuchung der über die k von 1 bis ∞ erstreckten Reihe der Summenglieder auf der rechten Seite von (1.3) ergab einen Mißerfolg: Die Konvergenz konnte zunächst nicht bewiesen werden; später zeigte D. H. LEHMER, daß sie divergiert[5].

Dagegen erzielte RADEMACHER einen entscheidenden Fortschritt[6,7] (vgl. auch[3]), indem er eine absolut konvergente unendliche Reihe von ähnlicher Bauart der Glieder wie in (1.3) angab, welche die Partitionenanzahl $p(n)$ genau darstellt:

$$p(n) = \frac{1}{\pi\sqrt{2}} \sum_{k=1}^{\infty} A_k(n)\,\sqrt{k}\,\frac{d}{dn}\left\{\frac{\mathrm{sh}\left(\frac{\pi}{k}\sqrt{\frac{2}{3}(n-\varkappa)}\right)}{\sqrt{n-\varkappa}}\right\} \qquad \left(\varkappa = \frac{1}{24}\right). \qquad (1.5)$$

Diese Reihe ist in nunmehr drei Hinsichten von Bedeutung: Erstens gibt sie eine asymptotische Entwicklung für $p(n)$ von der gleichen Genauigkeit wie (1.3); in der Tat erhält man die obige Entwicklung (1.3) mit einem Fehler von der gleichen Größenordnung $O(n^{-\frac{1}{4}})$, wenn man die Reihe hinter $k = \lfloor \alpha\sqrt{n}\rfloor$ abbricht und für $k \leq \alpha\sqrt{n}$ die Exponentialglieder mit negativen Exponenten im hyperbolischen Sinus vernachlässigt. Zweitens lassen sich die so entstehenden Fehler auf Grund einer genaueren Untersuchung der $A_k(n)$[8] numerisch abschätzen, so daß nun, mit Unterstützung durch die Kongruenzeigenschaften gewisser $p(n)$, solche Werte wie $p(1224)$, $p(2052)$, $p(2474)$ und sogar $p(14031)$, ein Ungetüm von 127 Stellen, genau berechnet werden konnten[9]. Drittens gibt (1.5) *die explizite Darstellung der* FOURIER-*Koeffizienten einer durch ihre Pole und Hauptteile eindeutig bestimmten Modulform positiver Dimension.*

<hr>

[5] LEHMER, D. H.: On the Hardy-Ramanujan series for the partition function. J. Lond. math. Soc. Bd. 12 (1937) S. 171—176.

[6] RADEMACHER, H.: On the partition function $p(n)$. Proc. Lond. math. Soc. Bd. 43 (1937) S. 241—254.

[7] RADEMACHER, H.: A convergent series for the partition function $p(n)$. Proc. nat. Acad. Sci. USA. Bd. 23 (1937) S. 78—84.

[8] LEHMER, D. H.: On the series for the partition function. Trans. Amer. math. Soc. Bd. 43 (1938) S. 271—295.

[9] LEHMER, D. H.: An application of Schäflis modular equation to a conjecture of Ramanujan. Bull. Amer. math. Soc. Bd. 44 (1938) S. 84—90.— On the remainders and convergence of the series for the partition function. Trans. Amer. math. Soc. Bd. 46 (1939) S. 362—373.

Dieser dritte Sachverhalt steht in engster Beziehung zu den allgemeineren Problemen, die anschließend von RADEMACHER und ZUCKERMAN bearbeitet wurden. Zunächst haben diese in einer gemeinsamen Untersuchung[10] die explizite Darstellung der FOURIER-Koeffizienten der sämtlichen Modulformen positiver Dimension bestimmt, welche sich in der oberen Halbebene regulär verhalten. Jede solche Modulform ist durch ihre Dimension und durch ihren Hauptteil im Unendlichen, der in der ortsuniformisierenden Variablen $t = e^{2\pi i \tau}$ des unendlich fernen Punktes ausgedrückt werden muß, eindeutig gekennzeichnet. [Diese Aussage, die nur bei sehr speziellen Grenzkreisgruppen (gewissen Dreiecksgruppen — also vom Geschlecht Null — mit nur einer Spitze im Fundamentalbereich wie der Modulgruppe) zutrifft, beruht letztlich auf der Theorie der Multiplikatoren und kann daraus abgeleitet werden, daß das Multiplikatorsystem einer Modulform durch deren Dimension und eine einzige weitere Konstante, den Bruchbestandteil $\varkappa$ der Exponenten ihrer Entwicklung nach Potenzen von t eindeutig bestimmt ist; $\varkappa$ ist zugleich mit dem Hauptteil der Modulform im Unendlichen gegeben.]

Eine bemerkenswerte Anwendung der Methoden von [10] betrifft die beiden zuerst von RAMANUJAN formulierten Identitäten (vgl. [3], Kap. 6), aus denen die Kongruenzeigenschaften

$$
\left.
\begin{aligned}
p(n) &\equiv 0 \bmod 5 \quad \text{für} \quad n \equiv 4 \bmod 5 \\
p(n) &\equiv 0 \bmod 7 \quad \text{für} \quad n \equiv 5 \bmod 7
\end{aligned}
\right\}
\tag{1.6}
$$

folgen. Beide Identitäten können nach RADEMACHER und ZUCKERMAN mit den Methoden von [10] durch einen direkten Koeffizientenvergleich bewiesen werden[11]. Darüber hinaus hat ZUCKERMAN gezeigt[12], daß sich dieses Verfahren auch dazu benutzen läßt, um neue, den RAMANUJANschen analoge, aber erheblich kompliziertere Identitäten abzuleiten, aus denen nicht weniger als 13 Kongruenzen vom Typus (1.6) nach den Moduln 5^2, 7^2, 5^3, 7^3, 5^4 hervorgehen.

Die vorliegende Untersuchung steht, nicht methodisch, aber hinsichtlich des Gegenstandes, in engerer Beziehung zu [10] und zu

[10] RADEMACHER, H., u. H. S. ZUCKERMAN: On the Fourier coefficients of certain modular forms of positive dimension. Ann. Math. Bd. 39 (1938) S. 433—462.

[11] RADEMACHER, H., u. H. S. ZUCKERMAN: A new proof of two of Ramanujan's identities. Ann. Math. Bd. 40 (1939) S. 473—489.

[12] ZUCKERMAN, H. S.: Identities analogous to Ramanujan's identies involving the partition function. Duke math. J. Bd. 5 (1939) S. 88—110.

einer Arbeit von Zuckerman über die Fourier-Koeffizienten derjenigen Modulformen von positiver Dimension, welche in der oberen Halbebene bis auf einfache Pole regulär sind; im Unendlichen wird beliebiges Verhalten zugelassen[13]. Diese Untersuchung Zuckermans ist in methodischer Hinsicht deshalb sehr bemerkenswert, weil in ihr zum ersten Male eine wesentliche Modifikation des Ansatzes der Farey-dissection vorgenommen wird: An die Stelle der (in der oberen τ-Halbebene) sonst geradlinigen treten jetzt komplizierte gebrochene Integrationswege, die aus euklidischen Strecken und Orthogonalkreisbogen bestehen. Jedoch entsprechen die Erfolge dem aufgewendeten bewundernswerten Scharfsinn keineswegs, wie die folgenden kritischen Betrachtungen zeigen mögen.

1. Ein konkretes Resultat ergibt sich nur in dem genannten Spezialfall, daß die untersuchte Modulform in der oberen Halbebene keine anderen als einfache Pole hat, die zudem nicht in den elliptischen Fixpunkten der Modulgruppe liegen dürfen.

2. Die Darstellung der Modulform führt zwar (allerdings ohne daß dies vom Verfasser gesagt würde) auf absolut konvergente Poincarésche Partialbruchreihen eines wohlbekannten Typus[14, 15], in denen jene Pole als Variable fungieren; die angewendete Methode liefert aber nicht den bescheidensten Anhaltspunkt für ein Verständnis der Gründe, warum diese Partialbruchreihen überhaupt auftreten und warum insbesondere eine Vertauschung von Parameter und Argument stattfindet.

3. Merkwürdigerweise unterbleibt die explizite Bestimmung der Fourier-Koeffizienten der dargestellten Modulform. Diese Koeffizienten lassen sich aus den Werten, die gewisse Partialbruchreihen des obigen Typus von extrem einfacher Bauart in den Polen annehmen, linear mit konstanten Koeffizienten kombinieren. Die zuletzt genannten Partialbruchreihen sind vor allen anderen Modulformen des hier in Betracht kommenden Invarianzverhaltens durch innere Eigenschaften ausgezeichnet.

4. Der unendlich ferne Punkt nimmt in diesen Untersuchungen[13] eine undurchsichtige Sonderstellung ein; d. h. man erfährt nicht

---

[13] Zuckerman, H. S.: On the expansions of certain modular forms of positive dimension. Amer. J. Math. Bd. 57 (1940) S. 127—152.

[14] Poincaré, H.: Fonctions modulaires et fonctions fuchsiennes. Œuvres Bd. 2, S. 592—618.

[15] Petersson, H.: Theorie der automorphen Formen beliebiger reeller Dimension und ihre Darstellung durch eine neue Art Poincaréscher Reihen. Math. Ann. Bd. 103 (1930) S. 369—436; siehe insbes. § 5, S. 418 ff.

einmal, ob ein Analogon der oben genannten Vertauschung von Parameter und Argument für den Pol im Unendlichen als Faktum existiert, — ganz abgesehen von einem tieferen Einblick in die wahren Zusammenhänge.

Mit diesen Bemerkungen sind nur die unmittelbar ins Auge fallenden Mängel der bisher angewendeten Methoden gekennzeichnet. Man muß diese Mängel natürlich überall da in Kauf nehmen, wo andere Methoden nicht zur Verfügung stehen. Aber der vorliegende Problemkomplex enthält so viele algebraische Strukturelemente, daß sich die Vermutung algebraischer Zusammenhänge aufdrängt. Diese Vermutung wird durch die folgende Untersuchung in vollem Umfange bestätigt.

Die wesentlichen Kennzeichen dieser Untersuchung lassen sich andeutungsweise wie folgt beschreiben; — wir verzichten dabei auf den Gebrauch von Formeln und geben statt dessen am Schluß der Einleitung eine kurze Erläuterung, die auf die Formeln des späteren Textes hinweist.

a) Der (vergleichsweise elementare) Satz, der besagt, daß eine Modulform positiver Dimension durch ihre Dimension und durch ihre Hauptteile im Fundamentalbereich eindeutig bestimmt ist, legt es nahe, nach *einem Analogon der Partialbruchzerlegung der rationalen Funktionen* zu suchen. Eine solche Partialbruchzerlegung existiert, wie sich im Verlaufe der folgenden Entwicklungen zeigt, in der Tat. Die hierfür zunächst zu bildenden Grundelemente der Zerlegung, deren jedes einem einzelnen Partialbruch im Bereiche der rationalen Funktionen entspricht, sind von vornherein nach dem *Prinzip der Vertauschung von Parameter und Argument* als POINCARÉsche Partialbruchreihen in deren Pol als Variablen erklärt. Damit stehen analytische Funktionen von zwei komplexen Veränderlichen im Zentrum der Konstruktion.

b) Während rationale Funktionen mit beliebig vorgegebenen Hauptteilen existieren, gilt das Entsprechende im Bereich der Modulformen positiver Dimension im allgemeinen nicht. Die genannten Grundelemente sind daher im allgemeinen *nicht selbst Modulformen*. Eine Linearkombination von ihnen ist dann und nur dann eine Modulform, wenn die durch sie dargestellte Funktion der *Hauptteilbedingung*, d. h. demjenigen linearen Gleichungssystem genügt, welches sich vermöge des Residuensatzes aus der Existenz einer Modulform von positiver Dimension mit den gleichen Hauptteilen im Fundamentalbereich ergibt.

c) Diese Hauptteilbedingung ist also nicht nur notwendig, sondern auch hinreichend für die Existenz von Modulformen gegebener positiver Dimension mit gegebenen Hauptteilen im Fundamentalbereich. Da eine vorgelegte Modulform die Hauptteilbedingungen erfüllt, ist sie mit der entsprechend gebildeten (d. h. die gleichen Hauptteile aufweisenden) Linearkombination der Grundelemente identisch.

Zur Hauptteilbedingung sei zusätzlich bemerkt: Ihre Notwendigkeit ist (praemissis praemittendis) trivial; keineswegs aber ist trivial, daß sie auch hinreicht. Den Beweis für das Letztere vermißt man z.B. an entscheidender Stelle bei Ritter; bezeichnenderweise findet sich in der gesamten Literatur erst 1941 bei O. Teichmüller ein Beweis wenigstens für einen Spezialfall dieses Satzes[16]. Der im folgenden hier gegebene Beweis ist — soweit er lediglich auf die Hauptteilbedingung abzielt — dem Gegenstande nicht wirklich angemessen. Der angemessene Beweis beruht auf dem Riemann-Rochschen Satz und liefert die Aussage, daß das Gleichungssystem der Hauptteilbedingung für die Existenz einer automorphen Form mit den gegebenen Hauptteilen im Fundamentalbereich notwendig und hinreichend ist, für automorphe Formen beliebiger komplexer Dimension zu beliebigen Grenzkreisgruppen von erster Art (d.h. denen, die bei der Uniformisierung eines beliebigen algebraischen Gebildes mit höchstens endlich vielen Relativverzweigungen auftreten).

d) Die explizite Darstellung der Fourier-Koeffizienten einer Modulform positiver Dimension ergibt sich aus der unter c) genannten Darstellung der Form selbst durch direkte Fourier-Entwicklung nach dem Poissonschen Summationsverfahren. In diesen Darstellungen der Fourier-Koeffizienten treten lediglich die besonders einfach gebauten Poincaréschen Partialbruchreihen einer gewissen negativen Dimension auf, die der Fourier-Entwicklung der allgemeinen Modulform formal entsprechen; und zwar erscheinen einerseits, wofern ∞ Pol der ursprünglich vorgelegten Modulform ist, ihre Fourier-Koeffizienten; andrerseits, wofern diese Modulform Pole in der oberen Halbebene hat, ihre Entwicklungs-Koeffizienten (unter anderem also ihre Werte) in den Polen. Die elliptischen Fixpunkte spielen dabei keine Ausnahmerolle, und es

---

[16] Ritter, E.: Über Riemannsche Formenscharen auf einem beliebigen algebraischen Gebilde. Math. Ann. Bd. 47 (1895) S. 157—221. — Teichmüller, O.: Skizze einer Begründung der algebraischen Funktionentheorie durch Uniformisierung. Dtsch. Math. Bd. 6 (1941) S. 257—265.

besteht keine Einschränkung hinsichtlich der Polordnungen. Jede der hier verwendeten Partialbruchreihen ist durch ihren eingliedrigen Hauptteil in ihrem einzigen Pol und durch *ihre metrische Orthogonalität zu den ganzen Spitzenformen* des gleichen Invarianzverhaltens als Modulform eindeutig bestimmt.

e) Der äußere Automorphismus $\begin{pmatrix} a & b \\ c & d \end{pmatrix} \leftrightarrow \begin{pmatrix} a & -b \\ -c & d \end{pmatrix}$ der Modulgruppe hat für die unter a) und d) genannten Partialbruchreihen einige *Symmetrierelationen* zur Folge. So ergibt sich für die unter d) genannten Reihen, daß ihre FOURIER-Koeffizienten reell sind, und daß jede von ihnen bei Anwendung der Substitution $\tau \to -\bar{\tau}$ in ihren konjugiert-komplexen Wert übergeht. Für die analog gebildeten Reihen zu allgemeinen Grenzkreisgruppen gelten in sinngemäßer Verallgemeinerung entsprechende Aussagen.

f) Die gesamte Untersuchung basiert auf den im Grunde algebraischen Eigenschaften der Modulformen und Partialbruchreihen; von der FAREY-dissection ist nirgends die Rede. Daß die FAREY-dissection in Wahrheit nicht als das angemessene Hilfsmittel zur Untersuchung der hier diskutierten Probleme angesehen werden kann, zeigt sich darin, daß es nach Erledigung der unvermeidlichen Konvergenzfragen für POINCARÉsche Reihen ein leichtes ist, die oben im Fall der Modulgruppe angedeutete Konstruktion in vollem Umfang auf allgemeine Grenzkreisgruppen Γ von erster Art zu übertragen, vorausgesetzt, daß ihr Fundamentalbereich (wie der der Modulgruppe) genau eine Spitze hat. Die damit in Betracht gezogenen automorphen Formen gehören (als Relativ-Invarianten) zu einem beliebigen algebraischen Gebilde.

g) Folgende Ergänzungen seien noch erwähnt: Aus den Darstellungen der FOURIER-Koeffizienten der in der oberen Halbebene regulären Modulformen von positiver Dimension ergeben sich Sätze über die FOURIER-Koeffizienten der unter d) genannten Orthogonalfunktionen. — Das metrische Verhalten der Partialbruchreihen zu den Gruppen Γ, aus denen die Grundelemente (a) der Konstruktion gebildet werden, läßt sich explizit bestimmen. — Im Falle ganzer Dimension $-r' \geq 1$ der automorphen Formen zu Γ sind nicht nur die sämtlichen Ableitungen von der Ordnung $-r' + 1$ wieder automorphe Formen[17] zu Γ (von der Dimension $r' - 2$), sondern sie

---

[17] Dieser Zusammenhang dürfte, soweit er das Invarianzverhalten der automorphen Formen betrifft, zum ersten Male von G. BOL formuliert worden sein: G. BOL, Invarianten linearer Differentialgleichungen. Abh. Math. Sem. Hamburg Bd. 16 (1949) S. 1—28.

sind darüber hinaus Orthogonalfunktionen im Sinne von d); der letzte Satz läßt sich dahin verschärfen, daß er sogar für die Ableitungen der Ordnung $-r' + 1$ der im allgemeinen nichtautomorphen Grundelemente gilt. Mit Aussagen dieser Art entstehen *Analoga zu den Beziehungen zwischen* Abelschen *Differentialen und Integralen.*

Die Untersuchung ist wie folgt gegliedert: § 2 enthält eine Zusammenstellung der notwendigen Begriffe und Sätze über Modulformen reeller Dimension. In § 3 wird zunächst die oben beschriebene Konstruktion für die Modulformen von positiver Dimension durchgeführt, welche in der oberen Halbebene bis auf mögliche Pole erster Ordnung (von beliebiger Lage im Fundamentalbereich, also auch in den elliptischen Fixpunkten) regulär sind; im Unendlichen wird ein Pol beliebig hoher Ordnung zugelassen. Der letzte Abschnitt von § 3 dient der Aufklärung über die unter e) genannten Symmetrien; er enthält am Schluß eine ausführliche Tabelle zur Übertragung der von Rademacher-Zuckerman in [10] verwendeten Bezeichnungen in die systematische Terminologie der vorliegenden Abhandlung. In § 4 wird die Konstruktion für Modulformen von positiver Dimension mit Polen beliebiger Lage und Ordnung im Fundamentalbereich vollzogen; zur Ausdehnung der gesamten vorher entwickelten Theorie auf die automorphen Formen zu den allgemeinen Grenzkreisgruppen Γ der oben genannten Beschaffenheit genügen einige Hinweise. Der angehängte § 5 schließlich enthält die unter g) genannten Ergänzungen; bei den (nicht ganz einfachen) Beweisen müssen einige noch unveröffentlichte Ergebnisse über die metrische Verknüpfung nichtganzer automorphen Formen benutzt werden.

Von den Verallgemeinerungen und Übertragungen der vorliegenden Theorie sind zwei als vordringlich anzusehen: Erstens die Durchführung der analogen Konstruktion für die automorphen Formen zu beliebigen Grenzkreisgruppen von erster Art, die also nicht mehr der hier noch wirksamen Beschränkung unterliegen, daß ihr Fundamentalbereich nur eine Spitze enthält; der Ausgangspunkt der Fragestellung veranlaßt lediglich die Voraussetzung, daß überhaupt Spitzen existieren. Einen Sonderfall dieses Problems hat H. Zuckerman diskutiert[18]; dort handelt es sich um

---

[18] Zuckerman, H. S.: On the coefficients of certain modular forms belonging to subgroups of the modular group. Trans. Amer. math. Soc. Bd. 45 (1939) S. 298—321.

die FOURIER-Koeffizienten der Modulformen von positiver Dimension, die zu einer Untergruppe der Modulgruppe von endlichem Index gehören und sich in der oberen Halbebene regulär verhalten.

Zweitens muß geklärt werden, in wie weit sich die Sätze der vorliegenden Theorie auf multiplikative Funktionen (automorphe Formen der Dimension 0) übertragen lassen. Dieser zweite Gegenstand bietet erheblich größere Schwierigkeiten als der erste; denn einerseits sind die für die vorliegende Theorie grundlegenden Partialbruchreihen hier nicht mehr absolut konvergent, andrerseits muß man neben den multiplikativen und voll-invarianten automorphen Funktionen auch die ABELschen Integrale heranziehen und damit das Gebiet der Relativinvarianten im engeren Sinne verlassen.

Ich beabsichtige, auf beide Gegenstände bei anderer Gelegenheit einzugehen. Die an zweiter Stelle genannte Theorie gestattet eine Fülle arithmetischer Anwendungen, die eine besondere Darstellung erfordern.

Wir geben nun noch den angekündigten Hinweis auf die Bezeichnungen, unter denen die oben erwähnten Objekte in der folgenden Darstellung auftreten. Die „Grundelemente" werden mit Hilfe einer gewissen Funktion

$$H(\tau, z) = H_{-r}(\tau, v, z) \qquad\qquad (1.7)$$

gebildet; dabei spielen r und v die Rolle von Parametern, während τ und z unabhängige komplexe Variable mit positiven Imaginärteilen sind. $H_{-r}(\tau, v, z)$ ist als Funktion von τ eine POINCARÉsche Partialbruchreihe und als solche eine Modulform der Dimension $-r < -2$ mit den Multiplikatoren v. Die zu einem Punkte $\tau = \tau_0$ in der oberen Halbebene gehörigen Grundelemente entstehen aus der Funktion (1.7) durch Linearkombination ihres Wertes und ihrer partiellen Ableitungen nach τ im Punkte $\tau = \tau_0$. Sie tragen die Bezeichnung

$$X_{r-2}(\tau_0, v', z, \nu) \quad \text{bzw.} \quad Y_{r-2}(\tau_0, v', z, \nu) \quad (\nu = 1, 2, \ldots), \qquad (1.8)$$

durch die zugleich ausgedrückt wird, daß sie als Funktionen von z in Betracht kommen. Als Grundelemente zum Punkte $\tau = \infty$ dienen gewisse FOURIER-Reihen

$$F_{r-2}(z, v', n + \varkappa) \quad (0 \leq \varkappa < 1, \; \varkappa \text{ fest}; \; n + \varkappa > 0, \; n \text{ ganz}). \qquad (1.9)$$

Aus den Funktionen (1.8, 9) läßt sich die allgemeinste Modulform $F(z)$ der positiven Dimension $r-2$ linear mit konstanten Koeffizienten zusammensetzen; sie hat die Multiplikatoren $v'=v^{-1}$.

Die unter d) genannten Partialbruchreihen haben die Gestalt

$$G_{-r}(\tau, v, -h-\varkappa') = \sum_{M \subset \mathfrak{S}} e^{-2\pi i(h+\varkappa')M\tau}\big(v(M)(m_1\tau + m_2)^r\big)^{-1};$$

hier ist $\varkappa'=1-\varkappa-[1-\varkappa]$, und M durchläuft ein volles System $\mathfrak{S}$ von Matrizen der Modulgruppe mit verschiedenen zweiten Zeilen $\{m_1, m_2\}$. Auch F_{r-2} und G_{-r} hängen durch einen analogen Prozeß wie den der Vertauschung von Parameter und Argument miteinander zusammen: Der Fourier-Koeffizient zum Exponenten $h+\varkappa'$ von $F_{r-2}(z, v', n+\varkappa)$ ist mit dem Fourier-Koeffizienten zum Exponenten $n+\varkappa$ von $G_{-r}(\tau, v, -h-\varkappa')$ identisch.

Die Durchführung der Beweise für die Hauptsätze findet sich, soweit hierzu Neues zu sagen ist, in den §§ 3, 4 und beansprucht weniger als 40% des Umfangs der vorliegenden Abhandlung. Von den Einzelheiten sei noch die Untersuchung in § 4 d erwähnt, die eine für die hier angewendete Methode typische und in der Natur der Sache liegende Komplikation darstellt. Sie dient der Bestimmung des Hauptteiles, den das Grundelement (1.8) Y_{r-2} als Funktion von z im Punkte $z=\tau_0$ besitzt.

§ 2. Die wichtigsten Tatsachen aus der allgemeinen Theorie der Modulformen reeller Dimension.

2a) *Grundbegriffe.*

Unter einer Modulform der reellen Dimension $-r$ versteht man eine analytische Funktion $f=f(\tau)$ der folgenden Beschaffenheit:

A. $f(\tau)$ ist in der oberen Halbebene $\mathfrak{H}$ der komplexen Variablen $\tau=x+iy$ bis auf Pole regulär-analytisch; in dem (abgeschlossenen) Elementardreieck $\widetilde{\mathfrak{D}}$ der Modulfigur $\left(|x|\leq \tfrac{1}{2},\ |\tau|\geq 1,\ y>0\right)$ liegen höchstens endlich viele dieser Pole.

B. Für jede Matrix $L = \begin{pmatrix} \alpha & \beta \\ \gamma & \delta \end{pmatrix}$ der Modulgruppe $\Gamma(1)$ (L ganzzahlig, $|L|=1$) gilt mit der Bezeichnung $L\tau = L(\tau) = \dfrac{\alpha\tau+\beta}{\gamma\tau+\delta}$:

$$f(L\tau) = v(L)(\gamma\tau+\delta)^r f(\tau); \qquad (2a.\ 1)$$

der Hauptwert $(\gamma\tau+\delta)^r = e^{r\log(\gamma\tau+\delta)}$ ist durch

$$-\pi < \arg(\gamma\tau+\delta) \leq +\pi \qquad (2a.\ 2)$$

bestimmt; der „Multiplikator" $v(L)$ hängt nur von L (d. h. von $\alpha, \beta, \gamma, \delta$), nicht von τ ab.

$\Big($Mit $L = U \equiv \begin{pmatrix} 1 & 1 \\ 0 & 1 \end{pmatrix}$ und $v(U) = e^{2\pi i \varkappa}$ folgt aus A, B: $f(\tau + 1) = e^{2\pi i \varkappa} f(\tau)$ und die Existenz einer LAURENT-Entwicklung für $e^{-2\pi i \varkappa \tau} f(\tau)$ nach Potenzen von $e^{2\pi i \tau}$. Von dieser wird das Abbrechen in der Richtung der negativen Exponenten gefordert, also$\Big)$:

C. Für alle hinreichend großen $y = \mathfrak{Im}\, \tau$ gilt

$$f(\tau) = \sum_{m=m_0}^{\infty} b_{m+\varkappa}\, e^{2\pi i (m+\varkappa)\tau} \tag{2a. 3}$$

mit konstanten $b_{m+\varkappa} = b_{m+\varkappa}(f)$ und einem gewissen ganzen m_0.

Die Multiplikatoren $v(L)$, die gemäß B zu einer nicht identisch verschwindenden Modulform $f(\tau)$ gehören, hängen untereinander folgendermaßen zusammen: Setzt man $L_1 \tau$ $(L_1 \subset \Gamma(1))$ an Stelle von τ in (2a. 1) ein, so findet man, indem man $f(L_1 \tau)$ und $f(L_2 \tau)$ $(L_2 = L L_1)$ nach (2a. 1) durch $f(\tau)$ ausdrückt:

$$v(L_2)(\gamma_2 \tau + \delta_2)^r = v(L)(\gamma L_1 \tau + \delta)^r\, v(L_1)(\gamma_1 \tau + \delta_1)^r \quad (L, L_1 \subset \Gamma(1)); \tag{2a. 4}$$

hier wurde $f(\tau) \not\equiv 0$ vorausgesetzt und in der allgemeinen Bezeichnung, nach der

$$\underline{L} = \{\gamma, \delta\} \text{ die zweite Zeile der Matrix } L = \begin{pmatrix} \alpha & \beta \\ \gamma & \delta \end{pmatrix} \tag{2a. 5}$$

angibt, $\underline{L}_i = \{\gamma_i, \delta_i\}$ für $i = 1, 2$ geschrieben. Überdies folgt aus (2a. 1, 2), wenn f nicht identisch verschwindet:

$$v(I) = 1, \quad (-1)^r = e^{\pi i r}, \quad v(-I) = e^{-\pi i r} \quad \Big(I = \begin{pmatrix} 1 & 0 \\ 0 & 1 \end{pmatrix}\Big);$$

die allgemeinere Relation

$$v(-L)(-\gamma \tau - \delta)^r = v(L)(\gamma \tau + \delta)^r \quad \big(L \subset \Gamma(1), \quad \underline{L} = \{\gamma, \delta\}\big) \tag{2a. 6}$$

läßt sich aus diesen und den Gl. (2a. 4) ableiten.

Um die Relation (2a. 4) übersichtlicher darzustellen, kann man das diskrete, zu jedem gegebenen r numerisch bestimmte Faktorensystem

$$\sigma(L, L_1) = \sigma^{(r)}(L, L_1)$$

heranziehen, nach dem sich die Hauptwerte $(\gamma \tau + \delta)^r$ $(\gamma, \delta$ reell) bei den Transformationen mit reellen Matrizen L_1 der Determinante 1 umsetzen:

$$(\gamma L_1 \tau + \delta)^r = \sigma^{(r)}(L, L_1)(\gamma_2 \tau + \delta_2)^r (\gamma_1 \tau + \delta_1)^{-r}, \tag{2a. 7}$$

wo

$$L, L_1 \text{ reell}, \quad |L| = |L_1| = 1, \quad L_2 = L L_1, \quad \underline{L} = \{\gamma, \delta\}, \quad \underline{L}_i = \{\gamma_i, \delta_i\}$$
$$(i = 1, 2)$$

und im übrigen die Bezeichnungen von B gelten. Dann besagt (2a. 4) so viel wie

$$v(L L_1) = \sigma^{(r)}(L, L_1)\, v(L)\, v(L_1) \quad (L, L_1 < \Gamma(1)), \qquad (2a.\ 8)$$

und alle Relationen zwischen den Multiplikatoren $v(M)\,\big(M < \Gamma(1)\big)$ sind nun Folgerelationen der Grundrelationen (2a. 8) und $v(-I) = e^{-\pi i r}$. Darüber hinaus zeigt die analytische Theorie, daß die Kenntnis eines den Grundrelationen genügenden, dann sog. ,,Multiplikatorsystems v von der Dimension $-r$'' bereits hinreicht, um Modulformen zu diesen Daten $-r, v$ zu konstruieren. $\sigma^{(r)}(L, L_1)$ hat einen Wert $\exp(2\pi i n r)$ mit ganzem n.

Vom algebraischen Standpunkte aus ist zu bemerken, daß ein solches Multiplikatorsystem v durch seine Werte für die Erzeugenden

$$U = \begin{pmatrix} 1 & 1 \\ 0 & 1 \end{pmatrix}, \qquad T = \begin{pmatrix} 0 & 1 \\ -1 & 0 \end{pmatrix} \qquad (2a.\ 9)$$

von $\Gamma(1)$ eindeutig bestimmt ist. $v(T)$ hat nach den Grundrelationen und wegen $T^2 = -I$ die Gestalt

$$v(T) = e^{\pi i \frac{r}{2}} (-1)^{a_1} (a_1 = 0 \text{ oder } 1). \qquad (2a.\ 10)$$

Setzt man wie oben ferner $v(U) = e^{2\pi i \varkappa}$, so liefert die algebraische Theorie als notwendige und hinreichende Bedingung dafür, daß ein Multiplikatorsystem v von der Dimension $-r$ mit den gegebenen (komplexen) $\varkappa \bmod 1$ und (ganzen) $a_1 \bmod 2$ existiere, die Kongruenz

$$6\varkappa + a_1 \equiv \frac{r}{2} \bmod 2. \qquad (2a.\ 11)$$

Daraus folgt erstens, daß es genau 6 Multiplikatorsysteme v zu jeder reellen Dimension $-r$ gibt; zweitens, daß für alle diese v stets $|v(L)| = 1$ (wenn L in $\Gamma(1)$) gilt und $\varkappa$ reell ist; drittens, daß genau eines dieser v durch $a_1 = 0$, $\varkappa \equiv \frac{r}{12} \bmod 1$ erklärt werden kann. Zu dem so gekennzeichneten $v = v_{0,r}$ gehört die Modulform

$$\Delta^{\frac{r}{12}}(\tau) = e^{\pi i \frac{r}{6} \tau} \prod_{m=1}^{\infty} (1 - e^{2\pi i m \tau})^{2r} \text{ von der Dimension } -r; \quad (2a.\ 12)$$

$\varDelta(\tau)$ ist bis auf einen elementaren konstanten Faktor die Diskriminante der elliptischen Funktionen mit den Perioden τ und 1.

Auf Grund dieser Existenzsätze können wir die für die Theorie endgültigen Normierungen und Bezeichnungen einführen.

Eine Funktion $f(\tau)$ mit den Eigenschaften A, B, C nennen wir eine Modulform $\{-r,v\}$. Die Gesamtheit der Modulformen $\{-r,v\}$ zu den gegebenen r,v nennen wir eine Formenklasse und bezeichnen diese auch durch das Symbol $\{-r,v\}$. Wir normieren $\varkappa$ durch $0 \leq \varkappa < 1$; es ist also in (2a. 3)

$$v(U) = e^{2\pi i \varkappa}, \qquad 0 \leq \varkappa < 1. \tag{2a. 13}$$

Eine Modulform $f(\tau) \subset \{-r,v\}$ heißt ganz, wenn sie in $\mathfrak{H}$ regulär ist und wenn in (2a. 3) $b_{m+\varkappa}(f) = 0$ für $m + \varkappa < 0$ gilt. Ist überdies $b_{m+\varkappa}(f) = 0$ für $m = \varkappa = 0$, so wird f eine ganze Spitzenform genannt. Ein Unterschied zwischen ganzen Formen und ganzen Spitzenformen $\{-r,v\}$ besteht danach nur für $\varkappa = 0$; eine ganze Form $\{-r,v\}$ ist im Falle $\varkappa = 0$ genau dann eine ganze Spitzenform, wenn $b_0(f)$ verschwindet.

Die elliptischen Fixpunkte ω von $\Gamma(1)$ (Fixpunkte elliptischer Modulsubstitutionen) sind die Punkte

$$\omega = L\,\xi\left(L \subset \Gamma(1), \qquad \xi = e^{\frac{\pi i}{2}} \ \text{ oder } \ = e^{\frac{\pi i}{3}}\right).$$

Jedem elliptischen Fixpunkt ω von $\Gamma(1)$ entspricht eindeutig eine natürliche Zahl l, seine Ordnung, und eine Matrix $E \subset \Gamma(1)$, für welche

$$\underline{E} = \{e_1, e_2\}, \quad e_1 < 0, \quad e_1\omega + e_2 = e^{-\frac{\pi i}{l}}, \quad E^l = -I \tag{2a. 14}$$

zutrifft; auf die Variable $w = w_\omega(\tau) = \dfrac{\tau - \omega}{\tau - \bar\omega}$ wirkt sich die Transformation mit der Matrix E gemäß

$$w_\omega(E\tau) = e^{\frac{2\pi i}{l}}\, w_\omega(\tau) \quad \left(w_\omega(\tau) = \frac{\tau - \omega}{\tau - \bar\omega}\right) \tag{2a. 15}$$

aus. Es gibt genau $2\,l$ Matrizen $L \subset \Gamma(1)$ mit $L\omega = \omega$, von denen je zwei die gleiche Substitution bestimmen. Diese L bilden eine zyklische Gruppe, die von E erzeugt wird; E heißt die Grundmatrix von ω. Im vorliegenden Falle der Modulgruppe ist $l = 2$ oder 3 und $\xi^l = -1$ für das obige ξ.

Mit Rücksicht auf die im zweiten Teil zu besprechenden Verallgemeinerungen der Theorie soll bei elliptischen Fixpunkten von den Besonderheiten der Modulgruppe kein Gebrauch gemacht werden.

Eine Modulform $f \subset \{-r, v\}$ läßt sich in der Umgebung von ω in eine Reihe von der Gestalt

$$f(\tau) = (\tau - \overline{\omega})^{-r} \sum_{\substack{m = m_0 \\ m \equiv a\,(l)}}^{\infty} b_m(\omega, f)\, w_\omega(\tau)^m \qquad (2a.\ 16)$$

mit konstanten $b_m(\omega, f)$ entwickeln. Dabei bezeichnet $(\tau - \overline{\omega})^{-r}$ den Hauptwert und a eine ganze Zahl mit $0 \le a \le l - 1$, für die

$$v(E) = e^{\pi i \frac{r}{l} + 2\pi i \frac{a}{l}} \qquad (0 \le a \le l - 1, \quad a \text{ ganz}); \qquad (2a.\ 17)$$

es sind also die Bruchbestandteile $\varkappa$ bzw. $\frac{a}{l}$ der Exponenten in den Entwicklungen von $f(\tau)$ nach den Potenzen der Ortsvariablen $t = e^{2\pi i \tau}$ des Punktes $\tau = \infty$ bzw. $t = w^l$ des Punktes $\tau = \omega$ bereits durch die Klasse $\{-r, v\}$ von f eindeutig bestimmt. Mißt man die Ordnungen von $f(\tau)$ in diesen Punkten durch die niedrigsten in den betreffenden Entwicklungen wirklich auftretenden Exponenten, so enthalten diese Ordnungen die genannten Bruchbestandteile additiv. Die Summe der Ordnungen von $f(\tau) \subset \{-r, v\}$ ($f \not\equiv 0$), erstreckt über alle Punkte eines Fundamentalbereichs von $\Gamma(1)$, hat, wie man z. B. für (2a. 12) direkt sieht und daraus mit Hilfe klassischer Sätze leicht allgemein beweist, den Wert $\frac{r}{12}$. Daher gibt es außer Null ganze Formen $\{-r, v\}$ nur für $r \ge 0$, ganze Spitzenformen $\{-r, v\}$ nur für $r > 0$; eine ganze Form $\{0, v\}$ ist notwendig konstant.

Für ein $f \subset \{-r, v\}$ mit $f \not\equiv 0$ gilt $\frac{1}{f} \subset \{r, \frac{1}{v}\}$. Ist überdies $g \subset \{-s, w\}$, so gilt

$$f g \subset \{-(r + s), v w\}. \qquad (2a.\ 18)$$

Es sei noch ein sehr spezielles Ergebnis angeführt, das wenigstens für die Modulgruppe besteht: Nach (2a. 11) gilt $\varkappa = 0$ nur für gerades r. Wenn $\varkappa$ verschwindet, ist $\frac{r}{2} \equiv a_1\,(2)$, also nach (2a. 10) $v(T) = 1$, also nach (2a. 7, 8) $v(L) = 1$ für alle $L \subset \Gamma(1)$. Dieser, der klassische Fall der Modulformen gerader Dimension mit lauter Multiplikatoren 1, ist mithin der einzige, in dem es ganze Formen geben kann, die nicht in den Spitzen verschwinden. — Nach (2a. 8, 11) ist v durch r und $\varkappa$ eindeutig bestimmt.

Ein allgemeiner Existenzsatz, der für alle Grenzkreisgruppen Γ mit parabolischen Substitutionen zutrifft, besagt im vorliegenden Falle $\Gamma = \Gamma(1)$: In jeder Formenklasse $\{-r, v\}$ (r reell, v ein beliebiges Multiplikatorsystem von der Dimension $-r$) gibt es nicht identisch verschwindende (und daher unendlich viele linear unabhängige) Modulformen. Im übrigen ist v auch stets ein Multiplikatorsystem zu jeder der Dimensionen $-(r + 2m)$ (m ganz). Bei dem Übergang von der Klasse $\{-r, v\}$ zu der „Komplementärklasse" $\{r - 2, v^{-1}\}$ verwandelt sich die durch (2a. 17) erklärte Zahl a allgemein in $l - 1 - a$.

2 b) *Partialbruchreihen, Hauptteilbedingung.*

Die Klassen $\{-r, v\}$ mit $r > 2$ sind dadurch ausgezeichnet, daß in jeder von ihnen Modulformen existieren, die willkürlich vorgebbare Pole und in diesen willkürlich vorgebbare Hauptteile besitzen. Dabei ist unter dem Hauptteil der Form $f \prec \{-r, v\}$ im Punkte $\tau = \infty$ die Summe der Glieder in der Entwicklung (2a. 3) mit $m + \varkappa \leq 0$, unter ihrem Hauptteil im Fixpunkte $\tau = \omega$ die Summe der Glieder in der Entwicklung (2a. 16) mit $m \equiv a(l)$, $m < 0$ einschließlich des gemeinsamen, vor der Summe auftretenden Faktors $(\tau - \overline{\omega})^{-r}$ zu verstehen. Man hat also erstens die Bruchbestandteile in den Exponenten der Ortsvariablen zu berücksichtigen und zweitens im Unendlichen, falls $\varkappa$ verschwindet, das konstante Glied $b_0(f)$ in den Hauptteil einzubeziehen.

Wir werden diese Bruchbestandteile

$$\varkappa \; (\tau = \dot{\infty}, \; \text{Ortsvariable } t), \qquad \frac{a}{l} \; (\tau = \omega, \; \text{Ortsvariable } w^l),$$

um eine kurze Bezeichnung zu haben, im folgenden „Drehreste" nennen und sie sowohl der Form f wie auch der Klasse $\{-r, v\}$ als zugeordnet auffassen. An den hier genannten Ortsvariablen der Fixpunkte ∞, ω halten wir dauernd fest; in den Nichtfixpunkten $\tau = \tau_0$ werden wir neben $\tau - \tau_0$ auch $w = w_{\tau_0}(\tau) = \dfrac{\tau - \tau_0}{\tau - \overline{\tau}_0}$ als Ortsvariable verwenden, wodurch im allgemeinen zwei verschiedene Hauptteile von f entstehen. Im Unendlichen unterbleibt die Einbeziehung des konstanten Gliedes in den Hauptteil bei den Modulformen von positiver Dimension $-r$, d. h. wenn $r < 0$.

Es muß betont werden, daß natürlich nur die Pole und Hauptteile in den Punkten irgendeines festgewählten Fundamentalbereiches $\mathfrak{F}$ von $\Gamma(1)$ vorgeschrieben werden können. Von einem solchen Fundamentalbereich können und wollen wir voraussetzen, daß er von endlich vielen nichteuklidischen Strecken und Halbgeraden berandet wird und daß er von jedem System untereinander äquivalenter (parabolischen und elliptischen) Fixpunkte genau ein Exemplar mit einer zugehörigen vollen Umgebung inäquivalenter Nichtfixpunkte enthält. (Das bekannte Elementardreieck der Modulfigur erfüllt diese Bedingungen nicht.) Wir nennen einen Fundamentalbereich mit diesen Eigenschaften im folgenden regulär; diese Definition hat auch für allgemeine Grenzkreisgruppen von erster Art Gültigkeit. Angesichts der Problemstellung kommen nur Gruppen mit parabolischen Substitutionen in Betracht, und dann kann $\mathfrak{F}$ stets so gewählt werden, daß $\tau = \infty$ Randpunkt von $\mathfrak{F}$ wird.

Der Satz über die Existenz von Modulformen $\{-r, v\}$ $(r > 2)$ mit willkürlich vorgebbaren Hauptteilen in $\mathfrak{F}$ läßt sich entweder durch explizite Konstruktion solcher Modulformen oder mit Hilfe des RIEMANN-ROCHschen Satzes beweisen; im letzteren Falle ergibt sich ein reiner Existenzsatz. Für das folgende benötigen wir die explizite Konstruktion durch Partialbruchreihen.

Wir setzen für $r > 2$ in der Symbolik (2a. 5, 2, 13)

$$G_{-r}(\tau, v, -v + \varkappa) = \sum_{M \subset \mathfrak{S}} e^{2\pi i(-v+\varkappa)M\tau} \left(v(M)(m_1\tau + m_2)^r\right)^{-1}, \quad (2\text{b. }1)$$

wo v eine feste ganze Zahl $\geq \varkappa$, $\mathfrak{S}$ ein volles System von Matrizen M aus $\Gamma(1)$ mit verschiedenen zweiten Zeilen $\underline{M} = \{m_1, m_2\}$ bezeichnet. Die Reihe (2b. 1) hängt von der Wahl des Systems $\mathfrak{S}$ nicht ab, konvergiert auf jedem abgeschlossenen Rechteck in $\mathfrak{H}$ gleichmäßig absolut und stellt daher eine in $\mathfrak{H}$ reguläre analytische Funktion von τ dar, die wegen (2a. 4) den Funktionalgleichungen (2a. 1) genügt. Aus (2a. 6) und

$$\mathfrak{Im}\, M\tau = \frac{y}{|m_1\tau + m_2|^2} \leq \frac{1}{m_1^2 y} \leq \frac{1}{y} \quad (m_1 \neq 0) \qquad (2\text{b. }2)$$

folgt, daß sie eine in $\mathfrak{H}$ konvergente FOURIER-Entwicklung von der Gestalt

$$G_{-r}(\tau, v, -v + \varkappa) = 2e^{2\pi i(-v+\varkappa)\tau} + \sum_{n+\varkappa > 0} a_{-r, n+\varkappa}(v, -v+\varkappa)\, e^{2\pi i(n+\varkappa)\tau} \qquad (2\text{b. }3)$$

zuläßt, deren Koeffizienten sich nach der klassischen Art der Anwendung des POISSONschen Summationsprinzips zu

$$\left.\begin{aligned} a_{-r, n+\varkappa}(v, -v+\varkappa) &= 4\pi(-i)^r \left(\frac{n+\varkappa}{v-\varkappa}\right)^{\frac{r-1}{2}} \sum_{m=1}^{\infty} \frac{1}{m} W_m(n+\varkappa, v, -v+\varkappa) \times \\ &\quad \times I_{r-1}\left(\frac{4\pi}{m}\sqrt{(n+\varkappa)(v-\varkappa)}\right) \end{aligned}\right\} \qquad (2\text{b. }4)$$

bestimmen[19], wenn $-v+\varkappa < 0$ ist. Im anderen Falle gilt $v = \varkappa = 0$, und man erhält nach der gleichen Methode

$$a_{-r,n}(v,0) = 2\frac{(-2\pi i)^r}{\Gamma(r)}\, n^{r-1}\sum_{m=1}^{\infty} m^{-r}\, W_m(n,v,0). \qquad (2b.\ 5)$$

Hier bedeutet $I_{r-1}(u)$ die Besselsche Funktion von erster Art und rein imaginärem Argument, also[20]

$$I_{r-1}(u) = \sum_{v=0}^{\infty}\frac{(u/2)^{r-1+2v}}{v!\,\Gamma(r+v)} = \frac{2^{2-r}\,u^{r-1}}{\sqrt{\pi}\,\Gamma(r-\tfrac{1}{2})}\int_0^1 (1-t^2)^{r-\frac{3}{2}}\,\operatorname{ch}(ut)\,dt; \qquad (2b.\ 6)$$

die Analogie zwischen (2b. 4) und (2b. 5) wird durch

$$\lim_{\xi\to+0}\xi^{-\frac{r-1}{2}}\,I_{r-1}\left(\frac{4\pi}{m}\sqrt{n\,\xi}\right) = \left(\frac{2\pi}{m}\right)^{r-1} n^{\frac{r-1}{2}}\,\frac{1}{\Gamma(r)} \qquad (2b.\ 7)$$

vermittelt. Z^r ist für komplexes Z, das nicht ≤ 0 ist, stets durch $-\pi < \arg Z < +\pi$ definiert. Die W_m sind als verallgemeinerte Exponentialsummen vom Kloostermanschen Typus erklärt:

$$W_m(n+\varkappa, v, -v+\varkappa) = \sum_{\substack{j \bmod m \\ j\,j'\equiv 1\,(m)}} v\left(\begin{pmatrix} j' & * \\ m & j \end{pmatrix}\right)^{-1} e^{\frac{2\pi i}{m}\{(n+\varkappa)j+(-v+\varkappa)j'\}}, \qquad (2b.\ 8)$$

wo natürlich $\begin{pmatrix} j' & * \\ m & j \end{pmatrix} \subset \Gamma(1)$ zu ergänzen ist.

Aus den Partialbruchreihen (2b. 1) läßt sich nach (2b. 3) durch Linearkombination eine Modulform $\{-r,v\}$ bilden, die im Unendlichen einen Pol mit beliebig vorgebbarem Hauptteil besitzt ($r > 2$). Von den Partialbruchreihen mit Polen in der oberen Halbebene benötigen wir hier zunächst nur diejenigen, welche in einem einzelnen Punkte des Fundamentalbereichs einen Pol erster Ordnung haben. Sei also $r > 2$, z ein beliebiger Punkt in $\mathfrak{H}$; wir setzen

$$\begin{aligned} H(\tau,z) &\equiv H_{-r}(\tau,v,z) \\ &= 2\pi i\, e^{2\pi i\varkappa' z}\sum_{M\subset\mathfrak{S}}\frac{e^{2\pi i\varkappa^+ M\tau}}{e^{2\pi i M\tau}-e^{2\pi i z}}\,(v(M)\,(m_1\tau+m_2)^r)^{-1}, \end{aligned} \qquad (2b.\ 9)$$

<hr>

[19] Siehe S. 10, Fußnote [14], u. H. Petersson: Über die Entwicklungskoeffizienten der automorphen Formen. Acta math. Stockh., Bd. 58 (1932) S. 169—215. Entsprechend der weiter unten gegebenen Bestimmung von $\arg Z$ ist (11), S. 188 mit $N = N' = 1$, $\eta = \varkappa$ und

$$-2\pi i\, J_{r-1}(-it) = 2\pi(-i)^r\, I_{r-1}(t) \qquad (t>0)$$

zu benutzen.

[20] Watson, G. N.: A treatise on the theory of Bessel functions, siehe insbes. 3.7, (2), S. 77; (9), S. 79. Cambridge: Univ. Press 1922.

wo

$$\varkappa^+ \equiv \varkappa \pmod 1,\ 0 < \varkappa^+ \leq 1,\ \text{also}\ \varkappa^+ = \begin{cases} \varkappa & \text{für}\ \varkappa > 0 \\ 1 & \text{für}\ \varkappa = 0 \end{cases},\ \varkappa^+ + \varkappa' = 1. \quad (2\,\text{b.}\,10)$$

Da $\mathfrak{Im}\,M\tau$ für die τ auf einem abgeschlossenen Rechteck in $\mathfrak{H}$ nach (2b. 2) gleichmäßig gegen Null strebt, wenn M das System $\mathfrak{S}$ durchläuft, verhält sich $H(\tau,z)$ überall in $\mathfrak{H}$ mit Ausnahme höchstens der Punkte $\tau = Lz\,(L < \Gamma(1))$ regulär-analytisch in τ. Wenn ferner z nicht Fixpunkt von $\Gamma(1)$ ist, besitzt $H(\tau,z)$ wegen (2a. 6) in allen diesen Punkten tatsächlich einen einfachen Pol. Das gleiche gilt auch (immer für $H(\tau,z)$ als Funktion von τ), wenn z mit einem solchen Fixpunkt ω zusammenfällt, vorausgesetzt jedoch, daß der durch die Klasse bestimmte Drehrest einer Form $\{-r,v\}$ überhaupt gestattet, in ω einen Pol erster Ordnung zu haben, d.h. daß $a \equiv -1$ mod l, also $a = l-1$ ist. Für $a \neq l-1$ hingegen ist $H(\tau,\omega)$ auch in $\tau = \omega$ und in den $\tau = L\omega\,(L < \Gamma(1))$ regulär, da sich in diesem Falle die Pole der Einzelglieder gegeneinander aufheben. Im Unendlichen verhält sich $H(\tau,z)$ (wegen des Faktors $\varkappa^+$ im Exponenten) wie eine ganze Spitzenform in der Variablen τ; man kann daher $H(\tau,z)$ als eine nicht-ganze Spitzenform $\{-r,v\}$ bezeichnen.

Auf Grund dieser Tatsachen läßt sich das Residuum von $H(\tau,z)$ als Funktion von τ im Punkte $\tau = Lz\,(L < \Gamma(1))$ elementar berechnen. Fällt z mit einem elliptischen Fixpunkt ω von $\Gamma(1)$ zusammen, so hat man dabei zu benutzen, daß das System $\mathfrak{S}$ so gewählt werden kann, daß es mit einer Matrix M auch alle ME^j ($0 \leq j \leq 2l-1$) enthält; E bezeichnet die Grundmatrix von ω nach (2a. 14). Es ergibt sich [vgl. auch [15]]

$$\left.\begin{aligned} \operatorname{Res}_{\tau=Lz} H_{-r}(\tau,v,z) &= \varepsilon(z)\,v(L)\,(\gamma z + \delta)^{r-2} \\ (L &< \Gamma(1),\ \underline{L} = \{\gamma,\delta\}) \\[4pt] \varepsilon(z) = \begin{cases} 2, & \text{wenn}\ z\ \text{nicht Fixpunkt,} \\ 2l, & \text{wenn}\ z = \omega\ \text{Fixpunkt und}\ a = l-1 \\ 0, & \text{wenn}\ z = \omega\ \text{Fixpunkt und}\ 0 \leq a \leq l-2 \end{cases}. \end{aligned}\right\} \quad (2\,\text{b.}\,11)$$

Die soeben zitierte Aussage über die Struktur der Systeme $\mathfrak{S}$ wird in § 3a bewiesen. Es gilt $\varepsilon(Lz) = \varepsilon(z)$ für alle L in $\Gamma(1)$.

Mit Hilfe passender Linearkombinationen der Funktionen (2b. 1) G und (2b. 9) H lassen sich alle Modulformen $\{-\dot r,v\}$, die in $\mathfrak{H}$ bis auf Pole erster Ordnung regulär sind (also im Unendlichen beliebiges Verhalten zeigen dürfen) additiv auf ganze Spitzenformen reduzieren. Zur Reduktion der Pole von höherer Ordnung in $\mathfrak{H}$ kann man sich der Ableitungen von $H(\tau, z)$ nach z bedienen; wir werden diese Ableitungen nicht ausführlich untersuchen.

Der zu Beginn von 2b zitierte Satz gilt in voller Allgemeinheit nur für $r > 2$. Bereits im Falle $r = 2$, $v = 1$ der Differentialklasse $\{-2, 1\}$ zeigt die Residuenbedingung für die ABELschen Differentiale, daß die Hauptteile der Formen $\{-2, 1\}$ nicht willkürlich gewählt werden können. Wir werden diese Residuenbedingung hier kurz ableiten und dann eine zunächst notwendige Bedingung aufstellen, denen die Hauptteile der Formen $\{-r, v\}$ für $r \leq 2$ genügen müssen. Durch eine explizite Konstruktion, die uns zu den Hauptsätzen der vorliegenden Theorie führen wird, werden wir im Nebenresultat auch zeigen, daß diese notwendige Bedingung hinreicht.

Es sei $f < \{-2, 1\}$, $\mathfrak{F}$ ein regulärer Fundamentalbereich von $\Gamma(1)$ mit der Spitze ∞, der keinen von den Fixpunkten verschiedenen Pol von $f(\tau)$ auf seinem Rande enthält. Wir verbinden zwei Punkte $\xi + i\eta$ und $\xi + i\eta + 1$ auf den $\mathfrak{F}$ in hinreichender Höhe berandenden Vertikalgeraden durch eine Horizontalstrecke $\mathfrak{h}$ ($x + i\eta$, $\xi \leq x \leq \xi + 1$, η fest) und denken uns η so groß gewählt, daß alle Pole von $f(\tau)$, soweit sie in $\mathfrak{H}$ liegen, kleinere Ordinaten haben als η (vgl. A). Analog verbinden wir die beiden von einem auf dem Rande von $\mathfrak{F}$ gelegenen elliptischen Fixpunkt ω der Ordnung l ausgehenden nichteuklidischen Geraden durch den Bogen $\mathfrak{b}_\omega$ eines nichteuklidischen Kreises mit dem Mittelpunkt ω, so daß also in den Bezeichnungen (2a. 15) $|w_\omega(\tau)| = \varrho$ konstant ist für τ auf $\mathfrak{b}_\omega$. Hier werde ϱ so klein gewählt, daß in $|w_\omega(\tau)| < \varrho$ kein von ω verschiedener Pol von $f(\tau)$ liegt. Nun bezeichne $\mathfrak{F}^*$ denjenigen Bereich, welcher aus $\mathfrak{F}$ durch Abschneiden der Spitze ∞ längs $\mathfrak{h}$ und der Ecken ω längs der $\mathfrak{b}_\omega$ entsteht, $\mathfrak{R}^*$ den Rand von $\mathfrak{F}^*$. Bildet man $\int_{(\mathfrak{R}^*)} f(\tau)\, d\tau$, so ergibt sich der Residuensatz für die ABELschen Differentiale der Modulgruppe in Gestalt der Formel

$$\frac{1}{2\pi i}\, b_0(f) + \sum_{k=1}^{e_0} \frac{1}{l_k(\omega_k - \overline{\omega}_k)}\, b_{-1}(\omega_k, f) + \sum_{\nu=1}^{K} b^*_{-1}(c_\nu, f) = 0. \qquad (2\text{b. }12)$$

Zum Beweise hat man zu beachten, daß die Integrale über zwei Teilstücke von $\mathfrak{R}^*$, wenn diese einander nach $\Gamma(1)$ äquivalent sind, sich gegenseitig aufheben; auf einem $\mathfrak{b}_\omega$ gilt in den Bezeichnungen (2a. 15)

$$w = w_\omega(\tau) = \varrho\, e^{i\vartheta}, \qquad \varrho > 0 \text{ konstant}, \qquad \vartheta_0 \leq \vartheta \leq \vartheta_0 + \frac{2\pi}{l}.$$

Die Schreibweise des mittleren Gliedes in (2b. 12) deutet an, daß eine Grenzkreisgruppe Γ von erster Art im allgemeinen Falle $e_0 \geq 0$ paarweise inäquivalente elliptische Fixpunkte ω_k der Ordnungen $l_k (1 \leq k \leq e_0)$ auf dem Rande eines jeden regulären Fundamentalbereichs $\mathfrak{F}$ besitzt; die den gegebenen r, v, ω_k nach (2a. 17) entsprechenden ganzen Zahlen a nennen wir $a_k (0 \leq a_k \leq l_k - 1)$. Für $\Gamma = \Gamma(1)$ ist $e_0 = 2$ und etwa $l_1 = 2$, $l_2 = 3$. Nach (2a. 17) ist überdies stets $a_k = l_k - 1$ für $r = 2$, $v = 1$, $1 \leq k \leq e_0$ und allgemeines Γ. Im dritten Glied durchläuft c_v die sämtlichen Pole von f, soweit sie dem Innern von $\mathfrak{F}$ angehören. Die $b_{-1}^*(c_v, f)$ sind die Residuen von f in den Punkten c_v; wir schreiben allgemein für irgendein festes γ in $\mathfrak{H}$:

$$f(\tau) = \sum_{m=m_0}^{\infty} b_m^*(\gamma, f) (\tau - \gamma)^m \quad (f(\tau) < \{-r, v\}, \ r \text{ reell}, \ \gamma < \mathfrak{H}). \qquad (2b. 13)$$

Im vorliegenden Falle $r = 2$, $v = 1$ ergibt eine kleine Rechnung

$$\frac{b_{-1}(\omega, f)}{\omega - \overline{\omega}} = b_{-1}^*(\omega, f),$$

so daß sich (2b. 12) auch durch

$$\frac{1}{2\pi i} b_0(f) + \sum_{k=1}^{e_0} \frac{1}{l_k} b_{-1}^*(\omega_k, f) + \sum_{v=1}^{K} b_{-1}^*(c_v, f) = 0 \qquad (2b. 14)$$

ausdrückt; hier kann selbstverständlich ein $b_{-1}^*(\omega_k, f)$ verschwinden.

Es sei nun $r > 0$ und v irgendein Multiplikatorsystem von der Dimension $-r$. Wir betrachten die Formenklassen

$$\{-r, v\} \quad \text{und} \quad \{-r', v'\} = \left\{r - 2, \frac{1}{v}\right\} \quad (r + r' = 2, \ vv' = 1).$$

Bezeichnet $\varphi(\tau)$ eine ganze Spitzenform $\{-r, v\}$, $F(\tau)$ irgendeine Modulform $\{r-2, v^{-1}\}$, so ist

$$f(\tau) \equiv \varphi(\tau) F(\tau) < \{-2, 1\} \qquad [\text{vgl. (2a. 18)}]$$

und daher gilt für $f(\tau)$ der Residuensatz. Wir schreiben die Entwicklung (2a. 3) von $F(\tau)$ mit Rücksicht auf (2b. 10) in der Gestalt

$$F(\tau) = \sum_{0 < n+\varkappa \leq n_0+\varkappa} b_{-n-\varkappa}(F) e^{-2\pi i(n+\varkappa)\tau} + \sum_{m=0}^{\infty} b_{m+\varkappa'}(F) e^{2\pi i(m+\varkappa')\tau}; \qquad (2b. 15)$$

analog werde die Entwicklung (2a. 16) mit Rücksicht auf (2a. 17) durch

$$F(\tau) = (\tau - \overline{\omega})^{r-2} \sum_{\substack{n=1 \\ n \equiv a+1\,(l)}}^{n_0} b_{-n}(\omega, F)\, w^{-n} +$$
$$+ (\tau - \overline{\omega})^{r-2} \sum_{\substack{m=0 \\ m \equiv -a-1\,(l)}}^{\infty} b_m(\omega, F)\, w^m \quad ((w = w_\omega(\tau))) \qquad (2\mathrm{b}.\ 16)$$

und die Entwicklung (2b. 13) durch

$$F(\tau) = \sum_{n=1}^{n_0} b_{-n}(c, F)\, (\tau - c)^{-n} + \sum_{m=0}^{\infty} b_m^*(c, F)\, (\tau - c)^m \quad (c < \mathfrak{H}) \qquad (2\mathrm{b}.\ 17)$$

wiedergegeben. Die hier in den verschiedenen Gleichungen auftretenden Zahlen n_0 stimmen natürlich nicht notwendig miteinander überein; sie sollen sogleich in der Bezeichnung unterschieden werden. Um den Fall, daß $F(\tau)$ im Punkte ∞ bzw. ω_k bzw. c_ν regulär ist, nicht auszuschließen, verabreden wir, daß in diesem Falle

$$n_0 = \begin{cases} 0 & \text{wenn } \varkappa = 0 \\ -1 & \text{wenn } \varkappa > 0 \end{cases} \text{ für den Punkt } \infty,$$

$$n_0 = 0 \text{ für die Punkte } \omega_k \text{ bzw. } c_\nu$$

gelte, und daß zurücklaufende Summen gleich Null seien.

Die gesuchte allgemeine Bedingung für die Hauptteile von $F(\tau)$ ergibt sich jetzt in dem folgenden Gleichungssystem: Es sei $\mathfrak{F}$ ein regulärer Fundamentalbereich von $\Gamma(1)$ mit der Spitze ∞, der keinen Pol von F außer den Fixpunkten auf dem Rande enthält, und es seien die $c_\nu\,(1 \leq \nu \leq K)$ die Pole von F im Innern von $\mathfrak{F}$; dann gilt nach (2b. 12)

$$\frac{1}{2\pi i} \sum_{0 < n + \varkappa \leq n_0 + \varkappa} b_{-n-\varkappa}(F)\, b_{n+\varkappa}(\varphi) +$$
$$+ \sum_{k=1}^{e_0} \frac{1}{l_k(\omega_k - \overline{\omega}_k)} \sum_{\substack{n=1 \\ n \equiv a_k+1\,(l_k)}}^{n_0(k)} b_{-n}(\omega_k, F)\, b_{n-1}(\omega_k, \varphi) +$$
$$+ \sum_{\nu=1}^{K} \sum_{n=1}^{n_0'(\nu)} b_{-n}^*(c_\nu, F)\, b_{n-1}^*(c_\nu, \varphi) = 0. \qquad (2\mathrm{b}.\ 18)$$

Das mittlere Glied auf der linken Seite kann auch in der Gestalt

$$\sum_{k=1}^{e_0} \frac{1}{l_k} \sum_{n=1}^{n_0(k)} b^*_{-n}(\omega_k, F)\, b^*_{n-1}(\omega_k, \varphi) \tag{2b. 19}$$

geschrieben werden. In beiden Darstellungen bedeutet $\varphi(\tau)$ eine beliebige ganze Spitzenform $\{-r, v\}$. Die Anzahl der linear unabhängigen Relationen (2b. 18) ist offenbar höchstens so groß, wie der Rang der Schar der ganzen Spitzenformen $\{-r, v\}$; daher sind die Bedingungen (2b. 18) leer, wenn die Formenklasse $\{-r, v\}$ außer Null keine ganze Spitzenform enthält. Die in der ersten Summe (2b. 18) auftretende Zahl n_0 werden wir später durchweg mit m_0 bezeichnen.

§ 3. Konstruktion der Modulformen positiver Dimension mit einfachen Polen in der oberen Halbebene.

3a) *Das Verhalten der Reihe $H_{-r}(\tau, v, z)$ als Funktion von τ und z.*
Wir schreiben $z = a + ib\,(b = \Im z > 0)$ und ferner für $r > 2$

$$H_{-r}(\tau, v, z) = H^0_{-r}(\tau, v, z) + H^+_{-r}(\tau, v, z),$$

wo in den Bezeichnungen (2b. 9, 10)

$$\left.\begin{aligned} H^0_{-r}(\tau, v, z) &= 4\pi i\, \frac{e^{2\pi i \varkappa' z + 2\pi i \varkappa^+ \tau}}{e^{2\pi i \tau} - e^{2\pi i z}}\,, \\ H^+_{-r}(\tau, v, z) &= 2\pi i\, e^{2\pi i \varkappa' z} \sum_{M \subset \mathfrak{S},\, m_1 \neq 0}. \end{aligned}\right\} \tag{3a. 1}$$

Wird nun bei fest gegebenem $\alpha_0 > 0$

$$y = \Im \tau > \alpha_0, \qquad b = \Im z > \frac{1}{\alpha_0} \tag{3a. 2}$$

vorausgesetzt und

$$\left.\begin{aligned} G^+_{-r}(\tau, v, -v + \varkappa) &= \sum_{M \subset \mathfrak{S},\, m_1 \neq 0} \frac{e^{2\pi i(-v+\varkappa)M\tau}}{v(M)\,(m_1\tau + m_2)^r} \\ &= \sum_{n+\varkappa > 0} a_{-r,\, n+\varkappa}(v, -v+\varkappa)\, e^{2\pi i(n+\varkappa)\tau} \end{aligned}\right\} \tag{3a. 3}$$

geschrieben, so folgt aus (2b. 2) und (3a. 2): $\Im M\tau < \dfrac{1}{\alpha_0} < b$, und daher ist, wie man leicht bestätigt,

$$H^+_{-r}(\tau, v, z) = 2\pi i \sum_{h=0}^{\infty} G^+_{-r}(\tau, v, -h - \varkappa')\, e^{2\pi i(h+\varkappa')z}. \tag{3a. 4}$$

Andrerseits folgt aus (2b. 6) für $u > 0$

$$I_{r-1}(u) \leq \frac{2^{2-r}}{\sqrt{\pi}\,\Gamma(r-\frac{1}{2})}\, u^{r-1}\, e^{u} \int\limits_{0}^{1} (1-t^2)^{r-\frac{3}{2}}\, dt = \frac{2^{1-r}}{\Gamma(r)}\, u^{r-1}\, e^{u},$$

so daß das Produkt des Faktors vor der Summe mit dem allgemeinen Glied der Summe in (2b. 4) dem Betrage nach nicht größer wird als

$$2\,\frac{(2\pi)^r}{\Gamma(r)}\,\frac{(n+\varkappa)^{r-1}}{m^{r-1}}\,\exp\left(\frac{4\pi}{m}\sqrt{(n+\varkappa)(v-\varkappa)}\right);$$

genau dieselbe Abschätzung gilt für die entsprechenden Ausdrücke in (2b. 5) wenn $v = \varkappa = 0$. Daraus ergibt sich

$$|a_{-r,\,n+\varkappa}(v,\,-v+\varkappa)| \leq C_1(r)\,(n+\varkappa)^{r-1}\exp\left(4\pi\sqrt{(n+\varkappa)(v-\varkappa)}\right), \quad (3\,\mathrm{a.}\ 5)$$

wo $C_1(r)$ nur von r abhängt. Diese Ungleichung zeigt, daß $H_{-r}^{+}(\tau,v,z)$ die Darstellung

$$H_{-r}^{+}(\tau,v,z) = 2\pi i \sum_{\substack{n+\varkappa>0 \\ h \geq 0}} a_{-r,\,n+\varkappa}(v,\,-h-\varkappa')\, e^{2\pi i(n+\varkappa)\tau + 2\pi i(h+\varkappa')z} \quad (3\,\mathrm{a.}\ 6)$$

zuläßt, und daß die Reihe auf der rechten Seite von (3a. 6) die Majorante mit dem Reihenglied

$$C_1(r)\,(n+\varkappa)^{r-1}\exp\left\{-2\pi(n+\varkappa)\,y - 2\pi(h+\varkappa')\,b + 4\pi\sqrt{(n+\varkappa)(h+\varkappa')}\right\}$$

besitzt. Hier ist die geschweifte Klammer

$$= -2\pi(n+\varkappa)(y-\alpha_0) - 2\pi(h+\varkappa')\left(b-\frac{1}{\alpha_0}\right) +$$

$$- 2\pi\left\{\sqrt{(n+\varkappa)\,\alpha_0} - \sqrt{(h+\varkappa')\,\frac{1}{\alpha_0}}\right\}^2,$$

woraus hervorgeht, daß die Reihe (3a. 6) für $y \geq \alpha_0 + \varepsilon$, $b \geq \dfrac{1}{\alpha_0} + \varepsilon\,(\varepsilon > 0)$ gleichmäßig absolut konvergiert.

Wenn nun über (3a. 2) hinaus $b > y$ zutrifft, so gilt nach (3a. 1, 4)

$$H_{-r}(\tau,v,z) = 2\pi i \sum_{h=0}^{\infty} G_{-r}(\tau,v,-h-\varkappa')\, e^{2\pi i(h+\varkappa')z} \quad (b>y); \quad (3\,\mathrm{a.}\ 7)$$

dagegen findet man, wenn über (3a. 2) hinaus $y > b$ zutrifft, nach (3a. 6)

$$H_{-r}(\tau,v,z) = 2\pi i \sum_{n+\varkappa>0} F_{r-2}(z,v',n+\varkappa)\, e^{2\pi i(n+\varkappa)\tau} \quad (y>b), \quad (3\,\mathrm{a.}\ 8)$$

wo

$$\begin{aligned}
F_{r-2}(z, v', n + \varkappa) &= \\
&= -2e^{-2\pi i(n+\varkappa)z} + \sum_{h=0}^{\infty} a_{-r, n+\varkappa}(v, -h - \varkappa')\, e^{2\pi i(h+\varkappa')z}
\end{aligned} \right\} \quad (3\text{a. }9)$$

nach (3a. 5) eine in der oberen Halbebene reguläre analytische Funktion der komplexen Variablen z darstellt. Diese Funktionen F_{r-2} werden sich, wie hier bereits durch die Hervorhebung der Parameter $r-2$, v' in der Bezeichnung angedeutet wird, als Bausteine für die Modulformen $\{r-2, v'\}$ erweisen.

Andere Konstruktionselemente für diesen Zweck sind diejenigen Funktionen von z, welche aus $H_{-r}(\tau, v, z)$ durch Einsetzen eines festen Wertes τ aus der oberen Halbebene entstehen. Für jeden festen Wert von τ hat man in $H_{-r}(\tau, v, z)$ eine in der oberen z-Halbebene analytische Funktion von z vor sich, die dort überall außerhalb der Punkte $z = L\tau\, \big(L < \Gamma(1)\big)$ regulär ist. In diesen Punkten liegen tatsächlich Pole erster Ordnung von H_{-r}, wenn τ nicht elliptischer Fixpunkte von $\Gamma(1)$ ist. Wir untersuchen deshalb jetzt das Verhalten von $H_{-r}(\tau, v, z)$ bei festem τ als Funktion von z unter der Annahme, daß τ mit einem elliptischen Fixpunkt ω von $\Gamma(1)$ zusammenfällt.

Wir bedienen uns der Bezeichnungen (2a. 14—17) und zeigen zunächst, daß das System $\mathfrak{S}$ so gewählt werden kann, daß mit einem M auch alle $M^{(j)} = ME^j\,(0 \leq j \leq 2l-1)$ in $\mathfrak{S}$ liegen; vgl. eine Bemerkung zur Residuenbestimmung (2b. 11). Die Behauptung bedeutet lediglich, daß bei beliebig gegebenem M in $\Gamma(1)$ die zweiten Zeilen aller $M^{(j)}\,(0 \leq j \leq 2l-1)$ voneinander verschieden sind. Wäre dem nicht so, so gäbe es ein Paar ganzer j, h mit $0 \leq j < j+h \leq 2l-1$ derart, daß für ein passendes ganzes b

$$ME^{j+h} = U^b ME^j, \text{ also } ME^h = U^b M \text{ und } ME^{mh} = U^{mb}M\,(m = 1, 2, \ldots).$$

Daraus würde folgen, daß nur endlich viele verschiedene $U^{mb}M$ existieren, also $b = 0$ und mit $h = 0$ ein Widerspruch zu den Voraussetzungen.

Im Falle einer allgemeinen Grenzkreisgruppe von erster Art mit dem parabolischen Fixpunkt ∞ läßt sich diese Schlußweise ebenfalls durchführen; nur ist dann U durch die symbolische Potenz $U^N = \begin{pmatrix} 1 & N \\ 0 & 1 \end{pmatrix}$ mit einem gewissen festen $N > 0$ zu ersetzen.

Aus dem bewiesenen Satze folgt, daß das System $\mathfrak{S}$ so gewählt werden kann, daß es vollständig in getrennte Nebengruppen

$M E^j (0 \leq j \leq 2l-1)$ zerfällt, in deren jeder M fest ist. Diese Wahl werde im folgenden getroffen.

Wir betrachten eine solche Nebengruppe und setzen

$$\underline{M}^{(j)} = \underline{M} E^j = \{m_1^{(j)}, m_2^{(j)}\}, \qquad \underline{E}^j = \{e_1^{(j)}, e_2^{(j)}\} \quad (0 \leq j \leq 2l - 1).$$

Aus (2a. 4) folgt für $L = M$, $L_1 = E^j$, $\tau = \omega$:

$$v(E^j)(e_1^{(j)}\omega + e_2^{(j)})^r = \frac{v(M^{(j)})(m_1^{(j)}\omega + m_2^{(j)})^r}{v(M)(m_1\omega + m_2)^r} .$$

Die rechte Seite hängt danach von M nicht ab, ist also mit der j-ten Potenz ihres Wertes für $j = 1$ identisch. Dies gibt nach (2a. 14, 17)

$$v(E^j)(e_1^{(j)}\omega + e_2^{(j)})^r = \big(v(E)(e_1\omega + e_2)^r\big)^j = e^{2\pi i \frac{aj}{l}} . \tag{3a. 10}$$

Es sei M eine feste Matrix aus $\mathfrak{S}$; die sämtlichen $M^* < \mathfrak{S}$ mit $M^*\omega = M\omega$ haben die Gestalt $M^* = M E^j (0 \leq j \leq 2l-1)$. Da das mit M^* gebildete Glied der Reihe $H_{-r}(\omega, v, z)$ sich nach (3a. 10) von dem mit M gebildeten Reihenglied um den Faktor $\exp\!\big(-2\pi i \frac{aj}{l}\big)$ unterscheidet, hat $H_{-r}(\omega, v, z)$ im Punkte $z = \omega$ dann und nur dann einen Pol (und zwar von erster Ordnung), wenn $a \equiv 0\,(l)$, also $a = 0$ zutrifft. Für $0 < a < l$ ist $H_{-r}(\omega, v, z)$ im Punkte $z = \omega$ regulär. Dies ($a = 0$) ist zugleich eine notwendige Bedingung für die Existenz einer Modulform $\{r-2, v^{-1}\}$, die in ω einen Pol von erster Ordnung hat. — Damit sind die oben ausgesprochenen Behauptungen bewiesen.

Zum Schluß dieses Abschnitts bestimmen wir noch das Verhalten von $H_{-r}(\tau, v, z)$ als Funktion simultan veränderlicher τ, z, wenn diese Punkte in hinreichender Nähe eines festen Punktes s_0 der oberen Halbebene liegen. Ist s_0 nicht Fixpunkt von $\Gamma(1)$, so existiert eine offene Kreisscheibe $\mathfrak{k}$ in $\mathfrak{H}$ mit dem Mittelpunkt s_0 von folgender Art: Es gilt

$$H_{-r}(\tau, v, z) = \frac{2}{\tau - z} + \mathsf{P}(\tau, z) \quad (\tau < \mathfrak{k},\, z < \mathfrak{k}), \tag{3a. 11}$$

wo $\mathsf{P}(\tau, z)$ eine für τ und z auf $\mathfrak{k}$ reguläre analytische Funktion von τ und z darstellt.

Sei $s_0 = \omega$ ein elliptischer Fixpunkt von $\Gamma(1)$. Dann existiert eine offene nichteuklidische Kreisscheibe $\tilde{\mathfrak{k}}$ mit dem (nichteuklidischen) Mittelpunkt ω derart, daß

$$H_{-r}(\tau, v, z) = \sum_{j=0}^{l-1} \frac{1}{v(E^j)(e_1^{(j)}\tau + e_2^{(j)})^r} \frac{2}{E^j\tau - z} + \tilde{\mathsf{P}}(\tau, z) \quad (\tau < \tilde{\mathfrak{k}},\, z < \tilde{\mathfrak{k}}), \tag{3a. 12}$$

wo $\widetilde{P}(\tau,z)$ eine für τ und z auf $\tilde{\mathfrak{k}}$ reguläre analytische Funktion von τ und z darstellt.

Ähnliche Sätze lassen sich aus den obigen mit Hilfe der Transformationseigenschaften (2a. 1) von $H_{-r}(\tau,v,z)$ (in τ) für den Fall ableiten, daß τ auf einer offenen Kreisscheibe um s_0, z auf einer offenen Kreisscheibe um Ls_0 liegt, wo $L < \Gamma(1)$. Sind τ_0 und z_0 zwei einander inäquivalente Punkte in $\mathfrak{H}$, so gibt es natürlich zwei offene Kreisscheiben $\mathfrak{k}_1$ um τ_0, $\mathfrak{k}_2$ um z_0 als Mittelpunkte derart, daß $H_{-r}(\tau,v,z)$ eine für $\tau < \mathfrak{k}_1$, $z < \mathfrak{k}_2$ reguläre analytische Funktion von τ und z ist.

Über das Verhalten von $H_{-r}(\tau,v,z)$ für $b = \mathfrak{Im}\, z \to \infty$ unterrichten (3a. 5, 7) dahin: Beschränkt man τ auf ein abgeschlossenes Rechteck $\mathfrak{R}$ in $\mathfrak{H}$, so läßt sich $H_{-r}(\tau,v,z)$ als Funktion von z durch eine für τ auf $\mathfrak{R}$ und $b = \mathfrak{Im}\, z \geq \alpha_1$ ($\alpha_1 = \alpha_1(\mathfrak{R})$ hinreichend groß) gleichmäßig absolut konvergente Fourier-Reihe von der Gestalt (3a. 7) darstellen, in der keine negativen Exponenten von $e^{2\pi i z}$ auftreten.

3b) *Beweis der ersten Hauptsätze.*

Die Beziehungen der Funktionen $F_{r-2}(z,v',n+\varkappa)$ und der durch Einsetzen eines festen τ in $\mathfrak{H}$ aus $H_{-r}(\tau,v,z)$ entstehenden Funktionen von z zu den Modulformen $\{r-2,v^{-1}\}$ beruhen wesentlich auf dem folgenden Sachverhalt: Man betrachte die Differenz

$$\Omega_{-r}(\tau,v,z;L) \equiv H_{-r}(\tau,v,Lz) - v'(L)(\gamma z + \delta)^{2-r}H_{-r}(\tau,v,z), \quad (3\text{b}.\,1)$$

wo $L < \Gamma(1)$, $\underline{L} = \{\gamma,\delta\}$, $v'(L) = \bigl(v(L)\bigr)^{-1}$, bei festem z als Funktion von τ. Nach (2b. 11) verschwindet das Residuum dieser Funktion im Punkte $\tau = Lz$ (L nach (3b. 1)) und damit in allen nach $\Gamma(1)$ zu z äquivalenten Punkten. $\Omega_{-r}(\tau,v,z;L)$ stellt also für jedes feste $z < \mathfrak{H}$ und jedes feste $L < \Gamma(1)$ eine ganze Spitzenform $\{-r,v\}$ in der Variablen τ dar. Eine analoge Beziehung erhält man, wenn man $F_{r-2}(z,v',n+\varkappa)$ nach (3a. 8) durch ein Integral über eine (bei gegebenem z) hinreichend hohe Horizontalstrecke der Länge 1 ausdrückt: Für jedes ganze n mit $n+\varkappa > 0$ gilt vermöge (3b. 1) in den Bezeichnungen von 2a, C

$$\left.\begin{array}{l} F_{r-2}(Lz,v',n+\varkappa) - v'(L)(\gamma z + \delta)^{2-r}F_{r-2}(z,v',n+\varkappa) = \\[2mm] \qquad\qquad = \dfrac{1}{2\pi i}\, b_{n+\varkappa}\bigl(\Omega_{-r}(\tau,v,z;L)\bigr). \end{array}\right\} \quad (3\text{b}.\,2)$$

Wir denken uns einen regulären Fundamentalbereich $\mathfrak{F}$ von $\Gamma(1)$ willkürlich aber so ausgewählt, daß er in der Vertikalen bis ins Unendliche reicht, und daß K vorgegebene, paarweise verschiedene Nichtfixpunkte $c_1, c_2, \ldots, c_K$, die er enthält, in seinem Innern liegen; diese zweite Bedingung läßt sich erforderlichenfalls durch nachträgliche lokale Abänderungen von $\mathfrak{F}$ erfüllen. Der Fall $K = 0$, in dem gar keine Punkte c_ν gegeben sind, wird nicht ausgeschlossen,

Wir bilden mit beliebigen komplexen $\lambda_{n+\varkappa}$, ϱ_k, ϱ_ν' in den Bezeichnungen zu (2b. 18,19) die Linearkombination

$$\left. \begin{aligned} \Lambda(z) = &\sum_{0 < n+\varkappa \leq m_0+\varkappa} \lambda_{n+\varkappa} F_{r-2}(z, v', n+\varkappa) + \\ &+ \sum_{\substack{k=1 \\ a_k=0}}^{e_0} \varrho_k H_{-r}(\omega_k, v, z) + \sum_{\nu=1}^{K} \varrho_\nu' H_{-r}(c_\nu, v, z). \end{aligned} \right\} \quad (3\,\mathrm{b}.\ 3)$$

Diese Funktion ist in der oberen z-Halbebene bis auf mögliche einfache Pole in den $L\omega_k (1 \leq k \leq e_0, a_k = 0)$ und den $Lc_\nu (1 \leq \nu \leq K)$ regulär; dabei durchläuft L die Matrizen von $\Gamma(1)$. Im Unendlichen wird $\Lambda(z)$ durch eine Fourier-Reihe

$$\Lambda(z) = \sum_{0 < n+\varkappa \leq m_0+\varkappa} (-2)\, \lambda_{n+\varkappa}\, e^{-2\pi i (n+\varkappa) z} + \sum_{h=0}^{\infty} \beta_{h+\varkappa'}\, e^{2\pi i (h+\varkappa') z} \quad (3\,\mathrm{b}.\ 4)$$

mit irgendwelchen konstanten $\beta_{h+\varkappa'}$ dargestellt, die für alle hinreichend großen $b = \mathfrak{Im}\, z$ konvergiert. Die Residuen von $\Lambda(z)$ haben nach (3a. 10,11,12) die Werte $-2l_k\varrho_k$ in ω_k, $-2\varrho_\nu'$ in c_ν.

Die Frage, ob $\Lambda(z)$ eine Modulform $\{r-2, v^{-1}\}$ ist oder nicht, hängt daher ausschließlich an der Gültigkeit der Transformationsgleichungen

$$\Lambda(Lz) - v'(L)(\gamma z + \delta)^{2-r}\Lambda(z) = 0 \quad \left(L < \Gamma(1),\quad \underline{L} = \{\gamma, \delta\}\right). \quad (3\,\mathrm{b}.\ 5)$$

Wenn sie nämlich gelten, so ist ersichtlich $\Lambda(z)$ eine Modulform $\{r-2, v^{-1}\}$, und zwar hat $\Lambda(z)$ im Unendlichen zum Hauptteil die erste Summe auf der rechten Seite von (3b. 4) und in den Punkten ω_k, c_ν mögliche einfache Pole mit den genannten Residuen; das Verschwinden eines Residuums bedeutet Regularität in dem betreffenden Punkt.

Nach (3b. 1,2) besagt (3b. 5), daß

$$\left. \begin{aligned} &\frac{1}{2\pi i} \cdot \sum_{0 < n+\varkappa \leq m_0+\varkappa} \lambda_{n+\varkappa}\, b_{n+\varkappa}\big(\Omega_{-r}(\tau, v, z; L)\big) + \\ &+ \sum_{\substack{k=1 \\ a_k=0}}^{e_0} \varrho_k \Omega_{-r}(\omega_k, v, z; L) + \sum_{\nu=1}^{K} \varrho_\nu' \Omega_{-r}(c_\nu, v, z; L) = 0 \end{aligned} \right\} \quad (3\,\mathrm{b}.\ 6)$$

für alle $L < \Gamma(1)$ zutrifft. Andrerseits zeigt der Hauptteilsatz (2b. 18,19), daß aus (3b. 5) also aus (3b. 6) die Gültigkeit der Relation

$$\frac{1}{2\pi i} \sum_{\substack{0 < n+\varkappa \leq m_0+\varkappa}} \lambda_{n+\varkappa}\, b_{n+\varkappa}(\varphi) + \sum_{\substack{k=1 \\ a_k=0}}^{e_0} \varrho_k\, \varphi(\omega_k) + \sum_{\nu=1}^{K} \varrho_\nu'\, \varphi(c_\nu) = 0 \qquad (3\text{b. }7)$$

für jede ganze Spitzenform $\varphi(\tau) < \{-r, v\}$ folgt. Gilt umgekehrt (3b. 7), so auch (3b. 6) für jedes $L < \Gamma(1)$, weil dann $\Omega_{-r}(\tau,v,z;L)$ für jedes z in $\mathfrak{H}$ eine ganze Spitzenform $\{-r, v\}$ in der Variablen τ darstellt, und a fortiori (3b. 5). Mithin ist der Hauptteilsatz (3b. 7) nicht nur notwendig, sondern auch hinreichend für die Existenz einer Modulform $\{r-2, v^{-1}\}$ mit den angegebenen Hauptteilen. — Wir heben hervor, daß durch den Ansatz (3b. 3) weder die Regularität von $\Lambda(z)$ in irgendwelchen der ω_k, c_ν noch die Regularität im Unendlichen ausgeschlossen wird; nur ein überall reguläres $\Lambda(z)$ verschwindet von selbst identisch.

Der damit bewiesene erste Hauptsatz hat folgenden Wortlaut:

Satz 1. a) *Man bilde mit willkürlich vorgegebenen komplexen Konstanten* $\lambda_{n+\varkappa}(0 < n+\varkappa \leq m_0+\varkappa,\ m_0$ *ganz und* $\geq -1)$, $\varrho_k(1 \leq k \leq e_0,\ a_k = 0)$, $\varrho_\nu'(1 \leq \nu \leq K,\ K$ *ganz und* $\geq 0)$ *und willkürlich vorgegebenen paarweise verschiedenen Punkten* c_ν *im Innern des gewählten regulären Fundamentalbereichs* $\mathfrak{F}$ *von* $\Gamma(1)$ *die Funktion* (3b. 3) $\Lambda(z)$. $\Lambda(z)$ *ist eine in der oberen z-Halbebene eindeutige analytische Funktion von z, deren Regularitätsverhalten dort und im Unendlichen durch die oben gemachten Angaben genau beschrieben wird.*

b) $\Lambda(z)$ *ist dann und nur dann eine Modulform* $\{r-2, v^{-1}\}$ *in der Variablen z, wenn die Relation (3b. 7) für alle ganzen Spitzenformen $\varphi(\tau)$ der Klasse $\{-r, v\}$ zutrifft. Unter diesen Relationen befinden sich höchstens so viele linear unabhängige, wie der Rang der Schar der ganzen Spitzenformen $\{-r, v\}$ angibt, also insbesondere keine, wenn dieser Rang verschwindet. Für jedes $k(1 \leq k \leq e_0)$ ist $a_k = 0$ eine notwendige Bedingung dafür, daß eine Modulform $\{r-2, v^{-1}\}$ mit einem einfachen Pol in ω_k existiert.*

c) *Ist eine Modulform $F(z) < \{r-2, v^{-1}\}$ in der Variablen z vorgelegt, die in der oberen Halbebene bis auf mögliche einfache Pole regulär ist, so fällt sie mit einer durch sie eindeutig bestimmten Linearkombination (3b. 3) $\Lambda(z)$ zusammen. Nach Auszeichnung eines regulären Fundamentalbereiches $\mathfrak{F}$ mit der Spitze ∞, der die nicht in den Fixpunkten gelegenen Pole von F, soweit er sie enthält, im Innern* *enthält, ergibt sich das mit $F(z)$ identische $\Lambda(z)$ aus der Forderung übereinstimmender Hauptteile im Unendlichen und Residuen im Endlichen von $\mathfrak{F}$ bei F und Λ.*

c) ist offenbar eine unmittelbare Konsequenz von a) vermöge der Tatsache, daß eine ganze Modulform von positiver Dimension notwendig identisch verschwindet.

Zur Darstellung der Modulform $F(z)$ und ihrer FOURIER-Koeffizienten benutzen wir die Bezeichnungen aus § 2a, C und (2b. 13). Danach wird

$$\left. \begin{aligned} F(z) = &\sum_{0 < n+\varkappa \leq m_0+\varkappa} \left(-\tfrac{1}{2}\right) b_{-n-\varkappa}(F) F_{r-2}(z, v', n+\varkappa) + \\ &+ \sum_{\substack{k=1 \\ a_k=0}}^{e_0} \left(-\tfrac{1}{2l_k}\right) b^*_{-1}(\omega_k, F) H_{-r}(\omega_k, v, z) + \sum_{\nu=1}^{K} \left(-\tfrac{1}{2}\right) b^*_{-1}(c_\nu, F) H_{-r}(c_\nu, v, z), \end{aligned} \right\} \quad (3\,\mathrm{b.}\ 8)$$

und man findet für die gesuchten FOURIER-Koeffizienten $b_{h+\varkappa'}(F)$ ($h \geq 0$) nach (3a. 7, 9):

$$\left. \begin{aligned} b_{h+\varkappa'}(F) = &-\tfrac{1}{2} \sum_{0 < n+\varkappa \leq m_0+\varkappa} b_{-n-\varkappa}(F)\, a_{-r, n+\varkappa}(v, -h-\varkappa') + \\ &- \pi i \sum_{\substack{k=1 \\ a_k=0}}^{e_0} \tfrac{1}{l_k} b^*_{-1}(\omega_k, F)\, G_{-r}(\omega_k, v, -h-\varkappa') + \\ &- \pi i \sum_{\nu=1}^{K} b^*_{-1}(c_\nu, F)\, G_{-r}(c_\nu, v, -h-\varkappa'). \end{aligned} \right\} \quad (3\,\mathrm{b.}\ 9)$$

Diese Formeln haben offenbar [vgl. (2b. 4, 5)] in allen wesentlichen Hinsichten die Struktur, wie sie in den zitierten Abhandlungen von RADEMACHER-ZUCKERMAN[10] und ZUCKERMAN[13] in die Erscheinung tritt. Man erhält die Formel[21] der erstgenannten Arbeit, wenn alle $b_{-1}(\omega_k, F)$ verschwinden und überdies $K=0$ ist, d.h. insgesamt, wenn die beiden Summen über k und ν auf der rechten Seite von (3b. 9) verschwinden. Die Formel[22] von ZUCKERMAN entsteht aus (3b.9), wenn alle $b_{-1}(\omega_k, F)$ verschwinden und $K=1$ ist.

---

[21] Siehe S. 7, Fußnote [10] (7.2), S. 446. Diese Formel enthält einen Druckfehler; um das richtige Ergebnis zu finden, hat man die oberen Summationsgrenzen ∞ und μ zu vertauschen.

[22] Siehe S. 8, Fußnote [13] (7.4), S. 143.

3 c) *Symmetrie-Eigenschaften der Modulgruppe und ihrer Funktionen.*
Vergleicht man jedoch die Darstellung (2b. 4) von

$$a_{-r,\,n+\varkappa}\,(v,\,-h-\varkappa')$$

mit der genannten Formel[21] von RADEMACHER-ZUCKERMAN in den
Einzelheiten, so ergeben sich in diesen feinere Unterschiede. Es
zeigt sich, daß eine Übereinstimmung hergestellt werden kann,
wenn gewisse Symmetrie-Eigenschaften der Modulgruppe und ihrer
Funktionen herangezogen werden. Da es sich hier um grundlegende Eigenschaften der Modulformen handelt, die meines
Wissens noch nicht formuliert geschweige denn systematisch untersucht wurden, sollen sie im folgenden etwas ausführlicher entwickelt
werden. Dabei werden wir einerseits auf die in § 2 nur in ihren
Grundzügen aufgebaute Theorie genauer eingehen müssen, andrerseits die Gelegenheit benutzen, um die formalen Beziehungen zwischen der von RADEMACHER verwendeten, speziell auf die Anwendung der FAREY-dissection zugeschnittenen Schreibweise und der
seit langem von mir ausgebildeten systematischen Terminologie im
Bereich der automorphen Formen reeller Dimension zu explizieren.

Die Grundlage für die Theorie der Multiplikatoren bildet bei
Substitutionsgruppen mit reellen Koeffizienten-Matrizen von positiver Determinante die Relation (2a. 7), die sich ihrerseits auf eine
logarithmische Relation folgender Art stützt: Setzt man für reelle
$m_1,\, m_2 \neq 0,0$ und für τ in $\mathfrak{H}$

$$\left.\begin{aligned}
\arg\,(m_1\,\tau + m_2) &= \arg\left(\tau + \frac{m_2}{m_1}\right) + \frac{\pi}{2}\,(\operatorname{sgn} m_1 - 1)\,, \\
0 &< \arg\left(\tau + \frac{m_2}{m_1}\right) < \pi \quad (m_1 \neq 0)\,; \\
\arg m_2 &= \frac{\pi}{2}\,(1 - \operatorname{sgn} m_2) \quad (m_1 = 0)\,,
\end{aligned}\right\} \tag{3c. 1}$$

so entspricht dies der Hauptwertbestimmung (2a. 2), und es gilt
für ein reelles $S = \begin{pmatrix} a & b \\ c & d \end{pmatrix}$ mit $|S| = 1$, wenn $\{m'_1,\, m'_2\} = \{m_1,\, m_2\}\,S$
geschrieben wird,

$$\left.\begin{aligned}
\arg\,(m_1\,S\,\tau + m_2) &= \\
&= \arg\,(m'_1\,\tau + m'_2) - \arg\,(c\,\tau + d) + 2\pi\,w\,(M,S)\,,
\end{aligned}\right\} \tag{3c. 2}$$

wo $w\,(M,S) = 0$ oder ± 1 ist und M irgendeine reelle Matrix der
Determinante 1 mit $\underline{M} = \{m_1,\, m_2\}$ bezeichnet [vgl. (2a. 5)]. Aus

(3c. 2) folgt (übrigens auch für komplexe r) für die durch (3c. 1) bestimmten Hauptwerte $(m_1 \tau + m_2)^r = \exp\big(r \log (m_1 \tau + m_2)\big)$:

mit
$$\left.\begin{aligned} (m_1 S \tau + m_2)^r &= \sigma(M, S)\, \frac{(m_1' \tau + m_2')^r}{(c \tau + d)^r} \\ \sigma(M, S) &= \sigma^{(r)}(M, S) = e^{2\pi i r w(M, S)}. \end{aligned}\right\} \qquad (3c.\ 3)$$

Wir definieren jetzt: Ein Multiplikatorsystem v auf einer Gruppe Γ von reellen Matrizen $L = \begin{pmatrix} \alpha & \beta \\ \gamma & \delta \end{pmatrix}$ mit $|L| = 1$ und von der komplexen Dimension $-r$ ist eine auf Γ erklärte komplex-wertige Funktion $v(L)\,(L \subset \Gamma)$, die den Gleichungen

$$v(L_1 L_2) = \sigma^{(r)}(L_1, L_2)\, v(L_1)\, v(L_2) \quad (L_1, L_2 \subset \Gamma), \quad v(-I) = e^{-\pi i r} \qquad (3c.\ 4)$$

genügt. Dabei wird der Einheitlichkeit halber $-I \subset \Gamma$ vorausgesetzt.

Es entspreche der gegebenen reellen Matrix $S = \begin{pmatrix} a & b \\ c & d \end{pmatrix} (|S| = 1)$ die Matrix

$$\widetilde{S} = \begin{pmatrix} a & -b \\ -c & d \end{pmatrix} = I^* S I^* \qquad \left(I^* = \begin{pmatrix} -1 & 0 \\ 0 & 1 \end{pmatrix}\right); \qquad (3c.\ 5)$$

offenbar ist $-\overline{S\tau} = \widetilde{S}(-\overline{\tau})$. Nach (3c. 1) ergibt sich nun

$$\arg\big(m_1(-\overline{\tau}) + m_2\big) + \arg\big((-m_1)\,\tau + m_2\big) = 2\pi\,\lambda_0(M),$$

wo
$$\lambda_0(M) = \begin{cases} 1, & \text{wenn zugleich } m_1 = 0,\ m_2 < 0, \\ 0\ \text{sonst}, \end{cases}$$

also
$$\left.\begin{aligned} \overline{(m_1(-\overline{\tau}) + m_2)^r} &= u_r(M)\,\big((-m_1)\,\tau + m_2\big)^r, \\ u_r(M) &= e^{-2\pi i r \lambda_0(M)} \quad (r\ \text{reell}). \end{aligned}\right\} \qquad (3c.\ 6)$$

Aus (3c. 3, 5, 6) folgt noch

$$\sigma\big(\widetilde{M}, \widetilde{S}\big) = \frac{u_r(M S)}{u_r(M)\, u_r(S)}\, \overline{\sigma}(M, S), \qquad (3c.\ 7)$$

($\overline{\sigma}$ bezeichnet den konjugiert-komplexen Wert zu σ).

Durch die Transformation (3c. 5) wird die Matrizengruppe $\Gamma(1)$ isomorph auf sich abgebildet. Definiert man eine Funktion $\widetilde{v}$ auf dieser Matrizengruppe durch

$$\widetilde{v}\big(\widetilde{L}\big) = u_r(L)\, \overline{v}(L) \qquad (L \subset \Gamma(1)\ \ r\ \text{reell}), \qquad (3c.\ 8)$$

so ist diese (als Funktion der $\widetilde{L} \subset \Gamma(1)$) nach (3c. 5, 7) und der Erklärung der $u_r(L)$ in (3c. 6) ein Multiplikatorsystem auf $\Gamma(1)$ von der Dimension $-r$. Wir zeigen: $\tilde{v}(L) = v(L)$ für alle $L < \Gamma(1)$. In der Tat gilt

$\tilde{v}(\tilde{U}) = \tilde{v}(U^{-1}) = \overline{v}(U) = e^{-2\pi i \varkappa}$, also $\tilde{v}(U) = e^{2\pi i \varkappa}$, [vgl. (2a. 9, 13)];

denn nach (3c. 2) verschwinden alle $w(U^k, S)$ und alle $w(M, U^k)$ (k ganz). Andrerseits verschwindet auch $w(S, S^{-1})$ für $c \neq 0$ stets, so daß

$$v(T)\, v(T^{-1}) = 1, \qquad \tilde{v}(T) = \overline{v}(\tilde{T}) = v(T), \qquad \text{q. e. d.}$$

Wir bemerken noch, daß aus (3c. 1, 4)

$$w(-I, S) = \frac{1 + \operatorname{sgn} c}{2}\ (c \neq 0), \quad v(-L) = e^{\pi i r \operatorname{sgn} \gamma}\, v(L)\ (\gamma \neq 0) \quad (3\text{c. }9)$$

geschlossen werden kann.

Ist eine Modulform $f(\tau) < \{-r, v\}$ mit irgendeinem reellen r vorgelegt, so bestätigt man leicht, daß die in $\mathfrak{H}$ bis auf mögliche Pole reguläre analytische Funktion

$$\left.\begin{aligned} \tilde{f}(\tau) &\equiv \overline{f(-\overline{\tau})} = \sum_{m=m_0}^{\infty} \overline{b}_{m+\varkappa}(f)\, e^{2\pi i (m+\varkappa)\tau} \\ & (y = \mathfrak{Im}\,\tau \text{ hinreichend groß}) \end{aligned}\right\} \qquad (3\text{c. }10)$$

wieder eine Modulform $\{-r, v\}$ ist; zum Beweise hat man (3c. 6) und $\tilde{v} = v$ zu benutzen.

Wir betrachten jetzt die in (2b. 8) erklärten Summen $W_m(n + \varkappa, v, \nu + \varkappa)$, in denen ν durch $-\nu$ ersetzt wurde und ν eine beliebige ganze Zahl angibt, und beweisen:

$$e^{-\pi i \frac{r}{2}}\, W_m(n + \varkappa, v, \nu + \varkappa) \quad \text{ist reell.} \qquad (3\text{c. }11)$$

In der Tat gilt nach (3c. 9) für $\gamma > 0$, weil in diesen Fällen $w(L, L^{-1})$ verschwindet:

$$v\left(\begin{pmatrix} -\alpha & \beta \\ \gamma & -\delta \end{pmatrix}\right) = e^{-\pi i r}\, v(\tilde{L}) = e^{-\pi i r}\, \overline{v}(L).$$

Die Behauptung ergibt sich dann durch die Umformungen

$$e^{\pi i \frac{r}{2}}\, \overline{W_m}(n + \varkappa, v, \nu + \varkappa) =$$

$$= e^{\pi i \frac{r}{2}} \sum_{\substack{j \bmod m \\ j j' \equiv 1\,(m)}} v\left(\begin{pmatrix} j' & * \\ m & j \end{pmatrix}\right) . \exp\left(-\frac{2\pi i}{m}\{(n+\varkappa)\,j + (\nu+\varkappa)\,j'\}\right)$$

$$= e^{\pi i \frac{r}{2}} \sum_{\substack{j \bmod m \\ j j' \equiv 1\,(m)}} v\left(\begin{pmatrix} -j' & * \\ m & -j \end{pmatrix}\right) \exp\left(\frac{2\pi i}{m}\{(n+\varkappa)\,j + (\nu+\varkappa)\,j'\}\right)$$

$$= e^{-\pi i \frac{r}{2}}\, W_m(n + \varkappa, v, \nu + \varkappa).$$

Daraus folgt nach (2b. 4, 5) sofort, daß alle $a_{-r,\,n\,+\,\varkappa}(v,\,-v+\varkappa)$ reell sind. Dieses Resultat kann nach (3c. 6, 8, 10) auch unmittelbar an den Partialbruchreihen $G_{-r}(\tau,v,-v+\varkappa)$ bestätigt werden und besagt für diese, daß sie alle der Funktionalgleichung $\tilde{f}(\tau)=f(\tau)$ genügen. Analog genügen die $F_{r-2}(z,v^{-1},n+\varkappa)$ der Funktionalgleichung $\tilde{f}(z)=f(z)$. Für die Funktion $H_{-r}(\tau,v,z)$ gilt

$$\overline{H_{-r}(-\,\bar{\tau},v,-\bar{z})}=-\,H_{-r}(\tau,v,z)\,. \tag{3c. 12}$$

Gegen Ende dieses Paragraphen teile ich eine Tabelle mit, die dazu dienen soll, um die Bezeichnungen, die der gleiche Gegenstand einerseits bei RADEMACHER-ZUCKERMAN, andrerseits bei mir trägt, miteinander zu vergleichen. Übersetzt man mit Hilfe dieser Tabelle die Hauptformel[10] (7.2) von RADEMACHER-ZUCKERMAN in die Terminologie der vorliegenden Arbeit, so gilt in dem hier zu betrachtenden sehr speziellen Falle von (3b. 9), in dem K und alle $b^{*}_{-1}(\omega_k,F)$ verschwinden:

$$b_{h+\varkappa'}(F)=2\pi\sum_{n'=1}^{\mu}b_{-n'+\varkappa'}(F)\left(\frac{n'-\varkappa'}{h+\varkappa'}\right)^{\frac{r-1}{2}}\sum_{m=1}^{\infty}\frac{1}{m}\,A_{m,\,n'}(h)\times \left.\vphantom{\sum_{n'=1}^{\mu}}\right\}$$
$$\times I_{r-1}\left(\frac{4\pi}{m}\sqrt{(n'-\varkappa')(h+\varkappa')}\right). \left.\vphantom{\sum}\right\} \tag{3c. 13}$$

Dabei haben F, $\varkappa'$, h, $b_{h+\varkappa'}(F)$, $b_{-n'+\varkappa'}(F)$, r und etwas später auch m_0 die in der vorliegenden Abhandlung erklärte Bedeutung; man gelangt von

$$^{10}\,(7.2)\ \text{zu}\ (3\text{c. }13)\ \text{durch}\ m\to h,\ v\to n',\ k\to m$$

sowie durch die anderen Angaben der Tabelle. Nach dieser ist ferner

$$\begin{aligned}-n'+\varkappa'=-n-\varkappa,\quad \text{also}\quad n'=n,\quad \mu=m_0\ \text{für}\ \varkappa=0;\\ n'=n+1,\quad \mu=m_0+1\ \text{für}\ \varkappa>0\end{aligned}\left.\vphantom{\begin{aligned}a\\b\end{aligned}}\right\} \tag{3c. 14}$$

und schließlich [vgl. auch (1.4)]

$$A_{m,\,n'}(h)=\sum_{\substack{j\bmod m\\ j\,j'\equiv-1\,(m)}}\varepsilon\left(\begin{pmatrix}j' & *\\ m & -j\end{pmatrix}\right)^{-1}\exp\left(-\frac{2\pi i}{m}\{(n+\varkappa)\,j'+(h+\varkappa')\,j\}\right).$$

Nach (2b. 4), (3b. 9), (3c. 13, 14) herrscht volle Übereinstimmung zwischen dem genannten Spezialfall von (3b. 9) und ^{10} (7.2) (also (3c. 14)), wenn noch gezeigt wird, daß

$$A_{m,\,n}(h)=-e^{-\frac{\pi i}{2}r}\,W_m(n+\varkappa,v,-h-\varkappa'). \tag{3c. 15}$$

Zum Beweise benutzen wir neben (3c. 11) die für $\gamma \neq 0$ wegen $w(L, L^{-1}) = 0$, (3c. 8) und $\tilde{v} = v$ gültigen Relationen

$$v\left(\tilde{L}^{-1}\right) = v\left(\begin{pmatrix} \delta & \beta \\ \gamma & \alpha \end{pmatrix}\right) = \bar{v}\left(\tilde{L}\right) = v(L) = v\left(\begin{pmatrix} \alpha & \beta \\ \gamma & \delta \end{pmatrix}\right) \qquad (\gamma \neq 0). \qquad (3c. 16)$$

Durch Querstreichen der rechten Seite von (3c. 15) ergibt sich nach der letzten Gleichung (3c. 16)

$$-e^{+\frac{\pi i}{2} r} \sum_{\substack{j \bmod m \\ j j' \equiv 1 \, (m)}} v\left(\begin{pmatrix} j' & * \\ m & j \end{pmatrix}\right) \exp\left(-\frac{2\pi i}{m}\{(n+\varkappa)j - (h+\varkappa')j'\}\right).$$

Andrerseits ist nach der Tabelle die linke Seite von (3c. 15)

$$A_{m, n'}(h) = -e^{\frac{\pi i}{2} r} \sum_{\substack{j \bmod m \\ -j j' \equiv 1 \, (m)}} v\left(\begin{pmatrix} j' & * \\ m & -j \end{pmatrix}\right) \exp\left(-\frac{2\pi i}{m}\{(n+\varkappa)j' + (h+\varkappa')j\}\right).$$

Ersetzt man hier j durch $-j$ und wendet (3c. 16) nochmals an, so erhält man die Behauptung.

Über die Bedeutung der nun folgenden Tabelle soll gelten, daß sich auf den beiden Seiten in jeder Zeile stets die gleichen Objekte

Tabelle.

$-r,\ r,\ r+2$	$r' = 2-r,\ r-2,\ r$
$S = \begin{pmatrix} a & b \\ c & d \end{pmatrix}$ $(c > 0)$	$L = \begin{pmatrix} \alpha & \beta \\ \gamma & \delta \end{pmatrix}$ für $\gamma > 0$ und $-L = \begin{pmatrix} -\alpha & -\beta \\ -\gamma & -\delta \end{pmatrix}$ für $\gamma < 0$
$\arg(-i(c\tau + d))$ $(c > 0)$	und $\begin{aligned} &\arg(\gamma\tau + \delta) - \frac{\pi}{2} \text{ für } S = L \\ &\arg(\gamma\tau + \delta) + \frac{\pi}{2} \text{ für } S = -L \end{aligned}$
$\varepsilon(S)$	und $\begin{aligned} &-e^{-\frac{\pi i}{2} r}\, v'(L) \text{ für } S = L \\ &-e^{\frac{\pi i}{2} r}\, v'(-L) \text{ für } S = -L \end{aligned}$
$m, v, k, \alpha, -v+\alpha$	$h, n', m, \varkappa', -n'+\varkappa' = -(n+\varkappa)$
a_m, a_{-v}, μ	$b_{h+\varkappa'}(F),\ b_{-n-\varkappa}(F),\ \begin{cases} m_0 & \text{für } \varkappa = 0 \\ m_0 + 1 & \text{für } \varkappa > 0 \end{cases}$
$A_{k\ v}(m)$	$-e^{-\frac{\pi i}{2} r}\, W_m(n+\varkappa, v, -h-\varkappa')$

befinden, für die links die Bezeichnungen von RADEMACHER-ZUCKERMAN, rechts ihre Übertragung in die in der vorliegenden Arbeit verwendete Terminologie angegeben werden. Sind mehrere Objekte, durch Kommata getrennt, in einer Zeile vorhanden, so soll sich die Übereinstimmung auf diejenigen Objekte beziehen, die auf beiden Seiten die gleiche Stellung zu den Kommata einnehmen.

Den oben bewiesenen Sachverhalt formulieren wir etwas allgemeiner als im Text wie folgt:

Satz 2. *Es sei* Γ *eine Gruppe, deren Elemente reelle Matrizen* $L = \begin{pmatrix} \alpha & \beta \\ \gamma & \delta \end{pmatrix}$ *mit der Determinante 1 sind;* Γ *enthalte die Matrix* $-I = \begin{pmatrix} -1 & 0 \\ 0 & -1 \end{pmatrix}$. *Einem Multiplikatorsystem* v *auf* Γ *von der komplexen Dimension* $-r$ *entspricht vermöge*

$$\tilde{v}(\tilde{L}) = u_r(L)\,\bar{v}(L), \qquad u_r(L) = \begin{cases} e^{-2\pi i \bar{r}} & \text{für } \gamma = 0 > \delta \\ 0 & \text{sonst} \end{cases}, \qquad \tilde{L} = \begin{pmatrix} \alpha & -\beta \\ -\gamma & \delta \end{pmatrix}$$

umkehrbar eindeutig ein Multiplikatorsystem $\tilde{v}$ *auf der Gruppe* $\tilde{\Gamma}$ *der* $\tilde{L}$ *von der Dimension* $-\bar{r}$.

Im Falle der Modulgruppe $\Gamma = \Gamma(1)$ *ist* $\tilde{\Gamma}(1) = \Gamma(1)$ *und für reelles* r: $\tilde{v} = v$. *Es sei* $r > 2$. *Alle* FOURIER-*Koeffizienten*

$$a_{-r,\,n+\varkappa}(v,\,v+\varkappa) \qquad (n+\varkappa > 0,\ n\ und\ v\ ganz)$$

sind reell, alle Partialbruchreihen $G_{-r}(\tau, v, v+\varkappa)$ *genügen der Relation* $\overline{f(-\bar{\tau})} = f(\tau)$, *alle Funktionen* $F_{r-2}(z, v', n+\varkappa)$ *genügen der Relation* $\overline{f(-\bar{z})} = f(z)$, *und* $H_{-r}(\tau, v, z)$ *genügt der Relation* (3 c. 12).

§ 4. Der abschließende Hauptsatz über Modulformen von positiver Dimension mit Polen von beliebiger Lage und Ordnung im Fundamentalbereich.

4a) *Die Ableitungen von* $H_{-r}(\tau, v, z)$ *nach* τ.

Um Modulformen $\{r-2, v^{-1}\}$ der positiven Dimension $r-2$ zu konstruieren, welche in der oberen z-Halbebene $\mathfrak{H}_z$ Pole höherer Ordnung aufweisen, bedarf man genauerer Kenntnisse über das Verhalten der Ableitungen

$$\frac{-1}{(\nu-1)!}\,\frac{\partial^{\nu-1}}{\partial\tau^{\nu-1}}\,H_{-r}(\tau, v, z) \qquad \text{bei festen} \quad \tau < \mathfrak{H},\ \nu \geq 2,\ r > 2 \qquad (4a.\ 1)$$

als Funktionen von z. Dabei sind nur geringe Schwierigkeiten zu überwinden, wenn der feste Punkt τ nicht Fixpunkt von $\Gamma(1)$ ist und wenn eine Darstellung der Modulformen $\{r-2,\, v^{-1}\}$ gesucht wird, deren Parameter lediglich die Koeffizienten $b_m^*\,(m<0)$ der Entwicklung (2b. 13) jener Modulform sind. Denn dann handelt es sich um Ableitungen, die nach (3a. 11) eine Zerlegung von der Gestalt

$$\frac{1}{(\nu-1)!}\,\frac{\partial^{\nu-1}}{\partial\tau^{\nu-1}}\,H_{-r}(\tau,v,z)=$$
$$=\frac{-2}{(z-\tau)^\nu}+\mathsf{P}_\nu(\tau,z)\qquad(0<|z-\tau|<\varrho_0,\ \nu\geq1)\qquad\left.\right\}\quad(4a.\ 2)$$

zulassen, wo τ einen festen Nichtfixpunkt in $\mathfrak{H}$, ϱ_0 eine feste positive Zahl und $\mathsf{P}_\nu(\tau,z)$ eine auf der vollen Kreisscheibe $|z-\tau|<\varrho_0$ reguläre analytische Funktion von z bezeichnet.

Eine Verallgemeinerung dieser Aussage, die sich auf das Verhalten der Ableitungen (4a. 1) als Funktionen von z in der Nähe des festen Nichtfixpunktes $L\tau\bigl(\tau\subset\mathfrak{H},\,L\subset\Gamma(1)\bigr)$ bezieht, erhält man aus (3a. 11) mit Hilfe der Formel

$$\frac{1}{(\nu-1)!}\,\frac{\partial^{\nu-1}}{\partial\tau^{\nu-1}}\left(\frac{1}{v(L)(\gamma\tau+\delta)^r}\,\frac{1}{z-L\tau}\right)=$$
$$=\sum_{h=1}^{\nu}\binom{r+\nu-2}{\nu-h}\frac{(-\gamma)^{\nu-h}}{v(L)(\gamma\tau+\delta)^{r+\nu+h-2}}\,\frac{1}{(z-L\tau)^h}\,,$$

in der $\gamma\neq0$, $\nu\geq1$ vorauszusetzen ist $(\underline{L}=\{\gamma,\delta\})$. Wir werden diese Formel im folgenden nicht anwenden.

Der Beweis des Analogons von (4a. 2) im Falle, daß τ mit einem elliptischen Fixpunkt ω von $\Gamma(1)$ übereinstimmt, stützt sich auf einen Hilfssatz, den wir, da weder sein Wortlaut noch sein Beweis von den Besonderheiten der Modulgruppe Gebrauch machen, sogleich so allgemein formulieren, daß er auf allgemeine Grenzkreisgruppen von erster Art mit parabolischen Substitutionen angewendet werden kann.

Zur Vorbereitung bemerken wir folgendes: Die nichteuklidischen Drehungen um den festen Punkt $\tau=\omega\subset\mathfrak{H}$ lassen sich in der Variablen

$$t=w(\tau)=w_\omega(\tau)=\frac{\tau-\omega}{\tau-\bar\omega}\ \text{ durch }\ t\to e^{i\vartheta}t\ \text{ mit reellen }\vartheta$$

darstellen.

Setzt man

$$V = \frac{1}{\sqrt{\omega - \overline{\omega}}} \begin{pmatrix} 1 & -\omega \\ 1 & -\overline{\omega} \end{pmatrix}, \qquad t = w(\tau) = V\tau,$$
$$Q = V^{-1} = \frac{1}{\sqrt{\omega - \overline{\omega}}} \begin{pmatrix} -\overline{\omega} & \omega \\ -1 & 1 \end{pmatrix}, \tag{4a. 3}$$

so entsprechen der Drehung $t \to e^{i\vartheta} t$ die beiden reellen Matrizen

$$\pm \Theta = \pm V^{-1} D\left[\frac{\vartheta}{2}\right] V, \qquad D[\lambda] = \begin{pmatrix} e^{i\lambda} & 0 \\ 0 & e^{-i\lambda} \end{pmatrix}$$

der Determinante 1. Daher entspricht einer endlichen Gruppe $\mathfrak{D}_l$ von der Ordnung l solcher Drehungen umkehrbar eindeutig die zyklische Gruppe $\mathfrak{Z}_l$ von der Ordnung $2l$, bestehend aus den Matrizen

$$E^j (0 \leq j \leq 2l - 1), \qquad E = V^{-1} D\left[\frac{\pi}{l}\right] V \quad (E^l = -I). \tag{4a. 4}$$

Für $\underline{E}^j = \{e_1^{(j)}, e_2^{(j)}\}$ ergibt sich in der Bezeichnung $\zeta = \exp\frac{\pi i}{l}$:

$$e_1^{(j)} = \frac{-\zeta^j + \zeta^{-j}}{\omega - \overline{\omega}}, \qquad e_2^{(j)} = \frac{\zeta^j \omega - \zeta^{-j}\overline{\omega}}{\omega - \overline{\omega}}, \qquad e_1^{(j)}\omega + e_2^{(j)} = \zeta^{-j}. \tag{4a. 5}$$

Wir nennen auch diese zyklische Gruppe $\mathfrak{Z}_l$ kurz eine Drehungsgruppe.

Nun formulieren wir den angekündigten

Hilfssatz 1. *Der Ausdruck $R(\tau, v, z)$, gegeben durch*

$$2R(\tau, v, z) = (\tau - \overline{\omega})^r \sum_{j=0}^{2l-1} \frac{1}{v(E^j)} \frac{1}{(e_1^{(j)}\tau + e_2^{(j)})^r} \frac{1}{z - E^j \tau},$$

stellt eine auf $0 < |w| < 1$, $0 \leq |t| < |w| \left(t = V\tau = w_\omega(\tau), w = Vz = w_\omega(z)\right)$ reguläre analytische Funktion von τ und z dar. Für sie gilt

$$\frac{-2}{(\nu - 1)!} \frac{\partial^{\nu-1}}{\partial t^{\nu-1}} R(\tau, v, z)\Big|_{\tau = \omega} =$$
$$= \delta\left(\nu - \frac{1-a}{l}\right)\{(-2l)(\omega - \overline{\omega})(z - \overline{\omega})^{r-2} w^{-\nu} + \Phi_\nu(w)\},$$

wo $\Phi_\nu(w)$ sich in $0 \leq |w| < 1$ regulär-analytisch verhält. Dabei ist, wie üblich, $\delta(x) = \begin{cases} 1, & \text{wenn } x \text{ ganz ist,} \\ 0 & \text{sonst} \end{cases}$, ferner v ein Multiplikatorsystem von der reellen Dimension $-r$ auf der durch (4a. 4) erklärten zyklischen Drehungsgruppe $\mathfrak{Z}_l$ und a diejenige ganze Zahl, für welche $v(E) = \exp\left(\frac{\pi i r}{l} + \frac{2\pi i a}{l}\right)$, $0 \leq a \leq l - 1$ zutrifft.

Für festes $z < \mathfrak{H}$ ist $R(\tau, v, z)$ in der Variablen τ eine multiplikative Funktion der Gruppe $\mathfrak{Z}_l$, die bei den Transformationen $E^g (0 \leq g \leq l-1)$ die Faktoren $\exp 2\pi i \frac{a\,g}{l}$ aufnimmt.

Beweis. Setzt man $v(E^j)(e_1^{(j)} \omega + e_2^{(j)})^r = \vartheta_j$, so erhält man, weil (2a. 4) auch auf der Gruppe $\mathfrak{Z}_l$ gilt:

$$\vartheta_{j+1} = v(E^j)(e_1^{(j)} E \omega + e_2^{(j)})^r \, v(E)(e_1 \omega + e_2)^r = \vartheta_j \vartheta_1 \quad (j \geq 0).$$

Daher ist $\vartheta_j = \vartheta_1^j$ und speziell $\vartheta_1^l = \vartheta_l = v(-I)(-1)^r = 1$; andrerseits nach (4a. 5):

$$(e_1 \omega + e_2)^r = \exp\left(-\frac{\pi i r}{l}\right), \quad \text{also} \quad v(E)^l = e^{\pi i r},$$

wodurch a nach dem Wortlaut des Hilfssatzes eindeutig bestimmt ist. Demgemäß gilt [vgl. (3a. 10), (3c. 1)]

$$\left.\begin{array}{c}(e_1^{(j)} \omega + e_2^{(j)})^r = \exp\left(-\frac{\pi i j r}{l}\right), \quad v(E^j) = \exp\left(\frac{\pi i j r}{l}\right) \varepsilon^{aj} \\[2mm] (0 \leq j \leq l-1)\end{array}\right\} \quad (4\text{a. }6)$$

mit der für das unmittelbar folgende festgewählten Bezeichnung

$$\varepsilon = \zeta^2, \qquad \zeta = \exp\frac{\pi i}{l}.$$

Berücksichtigt man (2a. 6) für $L < \mathfrak{Z}_l$, so erhält man nach den Voraussetzungen des Hilfssatzes

$$R(\tau, v, z) = \sum_{j=0}^{l-1} \frac{(\tau - \overline{\omega})^r}{v(E^j)(e_1^{(j)} \tau + e_2^{(j)})^r (z - E^j \tau)}, \quad (4\text{a. }7)$$

und hier ist nach (4a. 5, 6)

$$e_1^{(j)} \tau + e_2^{(j)} = \frac{\tau - \overline{\omega}}{\omega - \overline{\omega}} \zeta^{-j} (1 - \varepsilon^j t),$$

$$(e_1^{(j)} \tau + e_2^{(j)})^r = e^{2\pi i v_0 r} \frac{(\tau - \omega)^r}{(\omega - \omega)^r} \exp\left(-\frac{\pi i j r}{l}\right)(1 - \varepsilon^j t)^r,$$

$$(0 < \arg(\tau - u) < \pi \text{ für } \mathfrak{Im}\, \tau > 0 > \mathfrak{Im}\, u)$$

$$\frac{v(E^j)(e_1^{(j)} \tau + e_2^{(j)})^r}{(\tau - \overline{\omega})^r} = e^{2\pi i v_0 r} \varepsilon^{aj} (\omega - \overline{\omega})^{-r} (1 - \varepsilon^j t)^r \, (0 \leq j \leq l-1)$$

mit einem passenden ganzen v_0. Durch Einsetzen des Wertes $\tau = \omega$ findet man nach (4a. 6)

$$\vartheta_j = \varepsilon^{aj} = e^{2\pi i v_0 r} \varepsilon^{aj}, \quad \text{also} \quad e^{2\pi i v_0 r} = 1.$$

Ferner wird $VE^j\tau = \varepsilon^j t$, $E^j\tau = Q(\varepsilon^j t)$ oder nach (4a. 3)

$$z - E^j\tau = z - \frac{\omega - \overline{\omega}\,\varepsilon^j t}{1 - \varepsilon^j t} = \frac{z-\omega}{1-\varepsilon^j t}\left(1 - \varepsilon^j \frac{t}{w}\right) \quad (w = Vz)$$

und daher nach (4a. 7)

$$R(\tau, v, z) = (\omega - \overline{\omega})^r (z-\omega)^{-1} \sum_{j\,\mathrm{mod}\,l} \varepsilon^{-aj}(1 - \varepsilon^j t)^{1-r}\left(1 - \varepsilon^j \frac{t}{w}\right)^{-1}. \quad (4a.\,8)$$

Gesucht ist (abgesehen vom Faktor -2) der Koeffizient von $t^{\nu-1}$ in der Entwicklung von $R(\tau,v,z)$ nach Potenzen von t. Dieser Koeffizient verschwindet ersichtlich, wenn nicht $\nu-1\equiv a \bmod l$ zutrifft. Im folgenden sei $\nu-1\equiv a \bmod l$ erfüllt. Dann gibt (4a. 8)

$$\frac{-2}{(\nu-1)!}\frac{\partial^{\nu-1}}{\partial t^{\nu-1}} R(\tau,v,z)\bigg]_{t=0} =$$

$$= -2l(\omega-\overline{\omega})^r(z-\omega)^{-1}\sum_{k=0}^{\nu-1}\binom{1-r}{\nu-k-1}(-1)^{\nu-k-1} w^{-k}$$

$$= -2l(\omega-\overline{\omega})^r(z-\overline{\omega})^{-1}\sum_{k=0}^{\nu-1}\binom{1-r}{k}(-1)^k w^{k-\nu}$$

$$= -2l(\omega-\overline{\omega})^r(z-\overline{\omega})^{-1}(1-w)^{1-r}w^{-\nu} + \Phi_\nu(w),$$

wo $\Phi_\nu(w)$ für $|w|<1$ regulär ist. Dies ist aber wegen

$$w = \frac{z-\omega}{z-\overline{\omega}}, \qquad \frac{\omega-\overline{\omega}}{1-w} = z-\overline{\omega}, \qquad \frac{(\omega-\omega)^{r-1}}{(1-u)^{r-1}} = (z-\overline{\omega})^{r-1}$$

bereits die Behauptung. Der Hilfssatz ist damit vollständig bewiesen.

Die Anwendung des Hilfssatzes auf die Funktion $H_{-r}(\tau,v,z)$ liefert unmittelbar das folgende Ergebnis: Bezeichnet $\tau=\omega$ einen elliptischen Fixpunkt der Ordnung l von Γ, so gilt nach (3a. 12)

$$\left.\frac{1}{(\nu-1)!}\frac{\partial^{\nu-1}}{\partial t^{\nu-1}}\{(\tau-\overline{\omega})^r H_{-r}(\tau,v,z)\}\right]_{\tau=\omega} = \\ = \delta\left(\frac{\nu-1-a}{l}\right)(-2l)(\omega-\overline{\omega})(z-\overline{\omega})^{r-2}w^{-\nu} + \Phi_\nu^*(z) \Bigg\} \quad (4a.\,9)$$

mit $t = \dfrac{\tau-\omega}{\tau-\overline{\omega}}$, $w = \dfrac{z-\omega}{z-\overline{\omega}}$, $\nu \geq 1$ und für alle z, welche $0 < |w| < \varrho_0$ bei passendem $\varrho_0 > 0$ erfüllen; $\Phi_\nu^*(z)$ ist auf der Kreisscheibe $0 \leqq |w| < \varrho_0$ regulär.

4 b) *Beweis des allgemeinen Hauptsatzes.*

Wir setzen zur Abkürzung für ganze $v \geq 1$

$$
\left.
\begin{aligned}
X_{r-2}(\tau_0, v', z, v) &= \frac{1}{(v-1)!} \frac{\partial^{v-1}}{\partial \tau^{v-1}} H_{-r}(\tau, v, z)\Big]_{\tau=\tau_0} \\[2pt]
&\quad (\tau_0 \text{ nicht Fixpunkt}), \\[12pt]
Y_{r-2}(\omega, v', z, v) &= \frac{1}{(v-1)!} \frac{\partial^{v-1}}{\partial t^{v-1}} \left\{ (\tau - \overline{\omega})' H_{-r}(\tau, v, z) \right\}\Big]_{\tau=\omega} \\[2pt]
&\quad \left(\omega \text{ Fixpunkt, } t = \frac{\tau - \omega}{\tau - \overline{\omega}}\right).
\end{aligned}
\right\} \quad (4\text{b}.\,1)
$$

Liegen τ und z auf hinreichend kleinen offenen Kreisscheiben um τ_0 bzw. z_0 von der Art, daß das Kreisprodukt kein Punktepaar (τ, z) enthält, dessen Komponenten einander nach $\Gamma(1)$ äquivalent sind, so stellt $X_{r-2}(\tau, v', z, v)$ in diesem Dizylinder eine reguläre analytische Funktion von τ und z dar. Liegen hingegen τ und z auf der gleichen hinreichend kleinen offenen und fixpunktfreien Kreisscheibe, so stellt statt dessen

$$
X_{r-2}(\tau, v', z, v) + \frac{2}{(z-\tau)^v} \qquad (\tau \neq z)
$$

in diesem zweiten Dizylinder eine auch für $\tau = z$ erklärbare, überall reguläre analytische Funktion von τ und z dar. Schließlich ist $Y_{r-2}(\omega, v', z, v)$ eine in allen zu $z = \omega$ inäquivalenten Punkten der oberen z-Halbebene reguläre analytische Funktion von z.

Zur Bestimmung der Fourier-Koeffizienten der X_{r-2}, Y_{r-2} (diese als Funktionen von z verstanden) bemerke man, daß die Darstellung (3a. 7) gleichmäßig in τ und z absolut konvergiert, wenn bei festen α_0, α_1 mit $0 < \alpha_0 < \alpha_1$ und für irgendein hinreichend kleines $\varepsilon > 0$

$$
\alpha_0 + \varepsilon \leq y \leq \alpha_1 < \alpha_1 + \varepsilon \leq b, \qquad \frac{1}{\alpha_0} + \varepsilon \leq b \qquad (4\text{b}.\,2)
$$

zutrifft. Unter diesen Voraussetzungen kann in jener Darstellung gliedweise nach τ oder t differenziert werden. Geschieht dies, so bewirkt eine beliebig geringe Vergrößerung von b, daß wieder gleichmäßige Absolutkonvergenz in τ und z vorliegt; das gilt mithin für jede dieser mehrfachen Ableitungen bereits unter den Voraussetzungen (4 b. 2). Man findet also, wenn $b = \Im m\, z$ hinreichend groß ist:

$$
\left.
\begin{aligned}
X_{r-2}(\tau_0, v', z, \nu) &= 2\pi i \times \\
\times \sum_{h=0}^{\infty} \left\{ \frac{1}{(\nu-1)!} \frac{\partial^{\nu-1}}{\partial \tau^{\nu-1}} G_{-r}(\tau, v, -h-\varkappa') \right\}_{\tau=\tau_0} & e^{2\pi i (h+\varkappa')z}, \\
Y_{r-2}(\omega, v', z, \nu) &= 2\pi i \times \\
\times \sum_{h=0}^{\infty} \left\{ \frac{1}{(\nu-1)!} \frac{\partial^{\nu-1}}{\partial t^{\nu-1}} \left((\tau-\overline{\omega})^r G_{-r}(\tau, v, -h-\varkappa') \right) \right\}_{\tau=\omega} & e^{2\pi i (h+\varkappa')z}.
\end{aligned}
\right\} \quad (4\text{b.}3)
$$

Das Verhalten der X_{r-2}, Y_{r-2} bei Anwendung von Modulsubstitutionen L läßt sich unmittelbar (3 b. 1) entnehmen. Es ist

$$
\left.
\begin{aligned}
X_{r-2}(\tau, v', Lz, \nu) - v'(L)(\gamma z + \delta)^{2-r} X_{r-2}(\tau, v', z, \nu) &= \\
= \frac{1}{(\nu-1)!} \frac{\partial^{\nu-1}}{\partial \tau^{\nu-1}} \Omega_{-r}(\tau, v, z; L) \bigg]_{\tau=\tau_0} & \\
Y_{r-2}(\omega, v', Lz, \nu) - v'(L)(\gamma z + \delta)^{2-r} Y_{r-2}(\omega, v', z, \nu) &= \\
= \frac{1}{(\nu-1)!} \frac{\partial^{\nu-1}}{\partial t^{\nu-1}} \left\{ (\tau-\omega)^r \Omega_{-r}(\tau, v, z; L) \right\} \bigg]_{\tau=\omega} &
\end{aligned}
\right\} \quad (4\text{b.}4)
$$

Wir stellen nun analog zu § 3 b die Frage, unter welchen Bedingungen die Linearkombination

$$
\left.
\begin{aligned}
\Lambda(z) = & \sum_{0 < n+\varkappa \leq m_0+\varkappa} \lambda_{n+\varkappa} F_{r-2}(z, v', n+\varkappa) + \\
& + \sum_{k=1}^{e_0} \sum_{\substack{m=1 \\ m \equiv a_k+1\,(l_k)}}^{n_0(k)} \varrho_{km} Y_{r-2}(\omega_k, v', z, m) + \\
& + \sum_{\nu=1}^{K} \sum_{m=1}^{n_0'(\nu)} \varrho_{\nu m}' X_{r-2}(c_\nu, v', z, m),
\end{aligned}
\right\} \quad (4\text{b.}5)
$$

die mit willkürlichen komplexen Konstanten $\lambda_{n+\varkappa}, \varrho_{km}, \varrho_{rm}'$ gebildet ist, eine Modulform in der Variablen z darstellt. Dem Ansatz (4 b. 5) liegt die Annahme zugrunde, daß ein regulärer Fundamentalbereich $\mathfrak{F}$ der Modulgruppe ausgewählt ist, der vertikal ins Unendliche reicht, dessen elliptische Fixpunkte die $\omega_k (1 \leq k \leq e_0)$ sind, und der die $K \geq 0$ gegebenen paarweise verschiedenen $c_\nu (1 \leq \nu \leq K)$ im Innern enthält. Es wird weder das Verschwinden von K noch das irgendwelcher der oben genannten Konstanten $\lambda, \varrho, \varrho'$ ausgeschlossen.

Das Verhalten von $\varLambda(z)$ in den Umgebungen der Punkte von $\mathfrak{F}$ läßt sich wie folgt beschreiben: $\varLambda(z)$ ist überall im Endlichen von $\mathfrak{F}$ außerhalb der ω_k, c_ν regulär. Die Hauptteile in den anderen Punkten von $\mathfrak{F}$ sind nach (3a. 9), (4a. 2, 9)

$$\left.\begin{aligned} -2 \sum_{0<n+\varkappa\leqq m_0+\varkappa} \lambda_{n+\varkappa}\, e^{-2\pi i(n+\varkappa)z} \quad &\text{im Unendlichen,} \\ -2 l_k(\omega_k-\overline{\omega}_k)(z-\overline{\omega}_k)^{r-2}\sum_{\substack{m=1\\ m\equiv a_k+1\,(l_k)}}^{n_0(k)} \varrho_{km}\, w^{-m} \quad &\text{in } \omega_k, \\ -2\sum_{m=1}^{n_0'(\nu)} \varrho_{\nu m}'\,(z-c_\nu)^{-m} \quad &\text{in } c_\nu. \end{aligned}\right\} \qquad (4\text{b. }6)$$

Das formale Verschwinden eines Hauptteils bedeutet die Regularität von $\varLambda(z)$ in dem betreffenden Punkt, und der Hauptteil im Fixpunkte $z=\omega_k$ ist im Sinne der Entwicklung (2b. 16) nach Potenzen von $\dfrac{z-\omega_k}{z-\overline{\omega}_k}$ zu verstehen.

Dafür nun, daß eine Modulform $\{r-2, v'\}$ mit diesen Hauptteilen existiere, ist nach (2b. 18) notwendig, daß die Relationen

$$\left.\begin{aligned} \frac{1}{2\pi i}\sum_{0<n+\varkappa\leqq m_0+\varkappa} \lambda_{n+\varkappa}\, b_{n+\varkappa}(\varphi) + \sum_{k=1}^{e_0}\sum_{\substack{m=1\\ m\equiv a_k+1\,(l_k)}}^{n_0(k)} \varrho_{km}\, b_{m-1}(\omega_k,\varphi) + \\ + \sum_{\nu=1}^{K}\sum_{m=1}^{n_0'(\nu)} \varrho_{\nu m}'\, b_{m-1}^{*}(c_\nu,\varphi) = 0 \end{aligned}\right\} \qquad (4\text{b. }7)$$

für alle ganzen Spitzenformen $\varphi(\tau)\subset\{-r,v\}$ bestehen. Dafür aber, daß $\varLambda(z)$ eine Modulform $\{r-2,v'\}$ darstelle, ist diejenige Bedingung notwendig und hinreichend, welche (4b. 7) mit

$$\varphi(\tau)=\varOmega_{-r}(\tau,v,z;L) \quad \text{für alle } L\subset\varGamma(1)$$

ausdrückt [vgl. (3b. 2)(4b. 4)]. $\varLambda(z)$ ist daher dann und nur dann eine Modulform $\{r-2,v'\}$, wenn (4b. 7) für alle ganzen Spitzenformen $\varphi(\tau)\subset\{-r,v\}$ zutrifft, und deshalb gilt der abschließende

Satz 3. *Die in* (4b. 5) *angegebene Linearkombination $\varLambda(z)$ stellt dann und nur dann eine Modulform $\{r-2,v^{-1}\}$ dar, wenn ihre Koeffizienten $\lambda_{n+\varkappa}$, ϱ_{km}, $\varrho_{\nu m}'$ die Relation* (4b. 7) *für alle ganzen Spitzenformen $\varphi(\tau)\subset\{-r,v\}$ erfüllen. Dies bedeutet das Bestehen von* (4b. 7) *für die (höchstens endlich vielen) $\varphi(\tau)$ irgendeiner Basis der Schar der ganzen Spitzenformen $\{-r,v\}$, also insbesondere nichts,* *wenn außer Null keine ganze Spitzenform $\{-r, v\}$ existiert. Die genannten Relationen bilden auch die notwendigen und hinreichenden Bedingungen für die Existenz einer Modulform der Klasse $\{r-2, v^{-1}\}$ mit den Hauptteilen (4b. 6) in dem gewählten regulären Fundamentalbereich $\mathfrak{F}$. Zu jeder Modulform $F(z)$ der Klasse $\{r-2, v^{-1}\}$ gibt es genau eine mit ihr identische Linearkombination $\Lambda(z)$. Man erhält sie nach Wahl eines passenden regulären Fundamentalbereichs $\mathfrak{F}$ aus der Forderung übereinstimmender Hauptteile von Λ und F in den sämtlichen Punkten von $\mathfrak{F}$.*

Die Darstellung von $F(z)$, die man so gewinnt, hat die Gestalt

$$
\left.
\begin{aligned}
F(z) = \sum_{0 < n+\varkappa \leq m_0+\varkappa} & \left(-\frac{1}{2}\right) b_{-n-\varkappa}(F) \, F_{r-2}(z, v', n+\varkappa) + \\
+ \sum_{k=1}^{e_0} \sum_{\substack{m=1 \\ m \equiv a_k+1 \,(l_k)}}^{n_0(k)} & \frac{-1}{2 l_k(\omega_k - \overline{\omega}_k)} b_{-m}(\omega_k, F) \, Y_{r-2}(\omega_k, v', z, m) + \\
+ \sum_{\nu=1}^{K} \sum_{m=1}^{n_0'(\nu)} & \left(-\frac{1}{2}\right) b^*_{-m}(c_\nu, F) X_{r-2}(c_\nu, v', z, m).
\end{aligned}
\right\} \quad (4\text{b. } 8)
$$

Für die Fourier-Koeffizienten ergibt sich entsprechend

$$
\left.
\begin{aligned}
b_{h+\varkappa'}(F) = -\frac{1}{2} \sum_{0 < n+\varkappa \leq m_0+\varkappa} & b_{-n-\varkappa}(F) \, a_{-r, n+\varkappa}(v, -h-\varkappa') \,| \\
- \pi i \sum_{k=1}^{e_0} \frac{1}{l_k(\omega_k - \overline{\omega}_k)} \sum_{\substack{m=1 \\ m \equiv a_k+1\,(l_k)}}^{n_0(k)} & b_{-m}(\omega_k, F) \frac{1}{(m-1)!} \frac{\partial^{m-1}}{\partial t_k^{m-1}} \times \\
\times \left\{(\tau - \overline{\omega}_k)^r G_{-r}(\tau, v, -h-\varkappa')\right\}\Big|_{\tau=\omega_k} & - \pi i \sum_{\nu=1}^{K} \sum_{m=1}^{n_0'(\nu)} b^*_{-m}(c_\nu, F) \times \\
\times \frac{1}{(m-1)!} \frac{\partial^{m-1}}{\partial \tau^{m-1}} G_{-r}(\tau, v, -h-\varkappa')\Big|_{\tau=c_\nu} & \quad \left(t_k = \frac{\tau - \omega_k}{\tau - \overline{\omega}_k}\right);
\end{aligned}
\right\} \quad (4\text{b. } 9)
$$

zum Beweise hat man die Formeln (3a. 9), (4a. 2, 9), (4b. 3) heranzuziehen.

Mit Satz 3 und diesen Darstellungen ist das Hauptziel der Untersuchung für die Modulgruppe erreicht; die Darstellung (4b. 9) der Fourier-Koeffizienten erscheint dabei als unmittelbare Konsequenz der zentralen Darstellung (4b. 8) der Modulformen $F(z) < \{r-2, v'\}$ selbst, die als das genaue Analogon der Partialbruchzerlegung der rationalen Funktionen anzusehen ist. Für die Diskussion der Frage, wie es zu verstehen ist, daß zwei mit Hilfe verschiedener Fundamentalbereiche bestimmte solche Zerlegungen die gleiche Modulform F darstellen können, eignet sich eine im nächsten Abschnitt unter sehr viel weiteren Voraussetzungen abzuleitende, gegenüber (4b. 8) geänderte Darstellung besser als (4b. 8), weil die in ihr auftretenden Koeffizienten $b_{-m}(c,F)$ als Funktionen von c den Charakter relativer Invarianten der betreffenden Substitutionsgruppe haben. Jedoch soll diese Frage in der vorliegenden Abhandlung nicht erörtert werden.

Im Zusammenhang mit (4b. 9) liegt es nahe, nach der Darstellung der Koeffizienten zu fragen, die in den Entwicklungen der Modulformen $\{r-2, v'\}$ nach den Ortsvariablen der Punkte der oberen Halbebene auftreten. Offenbar kommt das darauf hinaus, die Ableitungen dieser Modulformen in gegebenen Punkten der oberen Halbebene explizit zu bestimmen. Man erkennt, daß diese Aufgabe für ein vorgelegtes $F(z) \subset \{r-2, v'\}$ durch die Identität $F(z) = \Lambda(z)$ als gelöst angesehen werden kann. Die Ableitungen von $H_{-r}(\tau,v,z)$ nach z setzen sich linear mit Polynomen in $e^{2\pi i z}$ als Koeffizienten aus den Funktionen

$$
\begin{aligned}
&H^{[m]}_{-r}(\tau, v, z) = \\
&= 2\pi i\, e^{2\pi i \varkappa' z} \sum_{M \subset \mathfrak{S}} \frac{e^{2\pi i \varkappa + M\tau}}{(e^{2\pi i M\tau} - e^{2\pi i z})^m}\, \frac{1}{v(M)(m_1\tau + m_2)^r} \quad (m \geq 1)
\end{aligned}
\qquad\left.\right\}\ (4\mathrm{b}.\ 10)
$$

zusammen, die dann entsprechend (4b. 1, 5) nochmals mehrfach nach τ oder t zu differenzieren sind; in die Darstellung von $F^{(g)}(z)\ (g \geq 1)$ gehen neben diesen gemischten höheren Ableitungen noch die Ableitungen $F^{(g)}_{r-2}(z,v',n+\varkappa)$ ein. — Für die Theorie der absolut konvergenten Poincaréschen Reihen wird damit zugleich die Frage beantwortet, unter welchen Bedingungen eine Linearkombination der $H^{[m]}_{-r}(\tau,v,z)\ (m \geq 1)$ und ihrer mehrfachen Ableitungen nach z, gebildet für endlich viele gegebene $\tau = \omega_k$, $\tau = c_\nu$ in $\mathfrak{H}$, sowie der Ableitungen der $F_{r-2}(z, v', n+\varkappa)$ mit der g-ten Ableitung einer Modulform $\{r-2, v'\}$ (in der Variablen z) identisch ist.

4c) *Ausdehnung der Ergebnisse auf Grenzkreisgruppen von erster Art mit genau einer Spitze im Fundamentalbereich.*

Für jeden algebraischen Funktionenkörper in einer Variablen (endlichen Grades über dem Körper der rationalen Funktionen, aber beliebigen Geschlechts) existieren unendlich viele anisomorphe, kontinuierlich viele inäquivalente Grenzkreisuniformisierungen derart, daß ein regulärer Fundamentalbereich der entsprechenden Grenzkreisgruppe existiert und genau eine Spitze hat. Wir betrachten eine solche Grenzkreisgruppe $\overline{\Gamma}$ mit der oberen τ-Halbebene $\mathfrak{H}$ als Grenzkreisinnerem und nennen Γ die Matrizengruppe der sämtlichen reellen $L = \begin{pmatrix} \alpha & \beta \\ \gamma & \delta \end{pmatrix}$ mit $|L| = 1$, für die die Substitution $\tau \to L\tau$ in $\overline{\Gamma}$ liegt. Γ ist dann in der von mir benutzten Terminologie als eine Grenzkreisgruppe von erster Art mit der Spitzenanzahl $\sigma_0 = 1$ zu bezeichnen[23].

Von Γ kann durch Transformation mit einer festen reellen Matrix der Determinante 1 erreicht werden, daß ∞ parabolischer Fixpunkt von Γ wird und daß ein regulärer Fundamentalbereich von Γ, der vertikal ins Unendliche reicht, dort die Breite 1 hat; das letztere bedeutet, daß 1 das kleinste $b > 0$ mit $U^b \equiv \begin{pmatrix} 1 & b \\ 0 & 1 \end{pmatrix} < \Gamma$ ist. Im folgenden werde diese Annahme als erfüllt vorausgesetzt; Γ ist innerhalb seiner Äquivalenzklasse dadurch bis auf die Transformation mit einer Translationsmatrix $\pm U^\beta (0 < \beta < 1)$ eindeutig festgelegt.

Im folgenden sei r reell. Der Begriff eines Multiplikatorsystems v auf Γ von der Dimension $-r$ soll gemäß § 3 c erklärt und es soll mit $[\Gamma, -r]$ die Gesamtheit der Γ und r so zugeordneten v bezeichnet werden; v heiße auch kurz ein Multiplikatorsystem $[\Gamma, -r]$. Im allgemeinen folgt aus der Realität von r keineswegs, daß $|v| = 1$ (was bedeutet, daß alle $v(L)$ den Betrag 1 haben, $L < \Gamma$); wir müssen daher $|v| = 1$ ausdrücklich fordern. Ferner definieren wir $\varkappa$ durch (2a. 13) und bemerken, daß alles, was wir oben über elliptische Fixpunkte und Substitutionen mitgeteilt haben, soweit es nicht ausdrücklich auf die Modulgruppe beschränkt wurde, für die genannten Γ gilt.

Die Definition der (automorphen) Form $\{\Gamma, -r, v\}$ entspricht genau dem Text in § 2a, A, B, C; wie in § 2a wird unter der Formenklasse $\{\Gamma, -r, v\}$ die Gesamtheit der Formen $\{\Gamma, -r, v\}$ verstanden. Die Entwicklungen eines $f(\tau) < \{\Gamma, -r, v\}$ nach den verschiedenen Ortsparametern schreiben wir analog (2a. 3, 16), (2b. 13). Die Summe der (damit erklärbaren) Ordnungen einer nicht identisch

---

[23] Die Grundlagen der Theorie sind im § 1 der folgenden Abhandlung zusammenhängend dargestellt: H. PETERSSON, Automorphe Formen als metrische Invarianten I. Math. Nachr. Berlin Bd. 1 (1948) S. 158—212.

verschwindenden Form $\{\Gamma, -r, v\}$ in den Punkten eines Fundamentalbereichs von Γ beträgt $r\varrho^0$ wo ϱ^0 eine positive, nur von Γ abhängige Zahl angibt. Infolgedessen existieren außer Null ganze Formen nur für $r \geq 0$, ganze Spitzenformen nur für $r > 0$; eine ganze Form $\{\Gamma, 0, v\}$ ist konstant.

Es sei $r > 2$, $v \subset [\Gamma, -r]$, $|v| = 1$. Zur Definition der Partialbruchreihen $G_{-r}(\tau, v, -v+\varkappa)$, $H_{-r}(\tau, v, z)$ dienen unverändert die Gleichungen (2b. 1, 9). Bezüglich der gleichmäßigen Absolutkonvergenz sind die folgenden Tatsachen grundlegend[24]:

(4c. 1). ∞ ist nicht auch hyperbolischer Fixpunkt von Γ; die Menge der $|\gamma| > 0$ mit $L = \begin{pmatrix} \alpha & \beta \\ \gamma & \delta \end{pmatrix} \subset \Gamma$ hat eine positive untere Grenze $\underline{\vartheta}$.

(4c. 2). Liegt τ in einem Vertikalhalbstreifen $\mathfrak{W}$, gegeben durch $\xi_1 \leq x \leq \xi_2$, $y \geq \alpha_0 (\alpha_0 > 0)$, so gilt dort

$$|m_1 \tau + m_2|^2 \geq C |m_1 i + m_2|^2$$

für beliebige reelle m_1, m_2, wo C nur von ξ_1, ξ_2, α_0 abhängt.

(4c. 3). Bei festem $r > 2$ konvergiert $\sum\limits_{M \subset \mathfrak{S}} |m_1 \tau + m_2|^{-r}$ auf $\mathfrak{W}$ gleichmäßig.

Daraus folgt $G_{-r}(\tau, v, -v+\varkappa) \subset \{\Gamma, -r, v\}$, $H_{-r}(\tau, v, z) \subset \{\Gamma, -r, v\}$, ferner: $G_{-r}(\tau, v, -v+\varkappa)$ ist in $\mathfrak{H}$ regulär und gestattet dort eine Entwicklung von der Gestalt (2b. 3); bei festem z in $\mathfrak{H}$ ist $H_{-r}(\tau, v, z)$ in $\mathfrak{H}$ überall mit möglicher Ausnahme der Punkte Lz $(L \subset \Gamma)$ regulär, in denen höchstens einfache Pole liegen können und tatsächlich liegen, wenn z nicht elliptischer Fixpunkt von Γ ist. Im Unendlichen verhält sich $H_{-r}(\tau, v, z)$ wie eine ganze Spitzenform $\{\Gamma, -r, v\}$. Diese Aussagen betreffen das Verhalten von H_{-r} als Funktion von τ.

Die Darstellung der $a_{-r, n+\varkappa}(v, -v+\varkappa)$ beruht auf der Struktur der Systeme $\mathfrak{S}$ in Γ; $\mathfrak{S}$ bezeichnet wieder ein volles System von Matrizen $M \subset \Gamma$ mit verschiedenen zweiten Zeilen $\underline{M} = \{m_1, m_2\}$. In jedem solchen $\mathfrak{S}$ liegen nach (4c. 1) genau zwei Matrizen M mit $m_1 = 0$, und da der Reihenwert G_{-r} bzw. H_{-r} nicht davon abhängt, wie $\mathfrak{S}$ ausgewählt wird, können und sollen diese beiden M mit $m_1 = 0$ zu $M = \pm I$ bestimmt werden. Sodann bezeichne $\mathfrak{T}$ die

---

24 Petersson, H.: Über den Bereich absoluter Konvergenz der Poincaréschen Reihen, Acta math., Stockh. Bd. 80 (1949) S. 23—63; siehe insbes. §§ 1, 2.

Menge der sämtlichen m_1 in $\underline{M} = \{m_1, m_2\}$, $M \subset \Gamma$. Für $m_1 \neq 0$ haben M und $M U^b$ ($b \neq 0$ ganz) verschiedene zweite Zeilen

$$\underline{M} = \{m_1, m_2\}, \quad \underline{M} U^b = \{m_1, m_2 + b m_1\}.$$

Man suche nun zu einem gegebenen $m_1 \subset \mathfrak{T}$ ($m_1 \neq 0$) ein volles System $\mathfrak{R}_{m_1}$ von mod m_1 inkongruenten m_2, die für $M \subset \mathfrak{S}$ und jenes feste m_1 in $\underline{M} = \{m_1, m_2\}$ auftreten können; durchläuft j die m_2 dieses Systems $\mathfrak{R}_{m_1}$, so existiert zu jedem j ein und nur ein j' derart, daß

$$Q = \begin{pmatrix} j' & * \\ m_1 & j \end{pmatrix} \subset \Gamma, \quad m_1 \subset \mathfrak{T}, \quad m_1 \neq 0, \quad j \subset \mathfrak{R}_{m_1}, \quad -j' \subset \mathfrak{R}_{m_1}. \tag{4c. 4}$$

Bezeichnet schließlich $\mathfrak{Q}_{m_1}$ das System dieser Q für ein gegebenes $m_1 \neq 0$ aus $\mathfrak{T}$, so läßt sich ein System $\mathfrak{S}$ symbolisch durch

$$\mathfrak{S} = \pm I + \sum_{\substack{m_1 \subset \mathfrak{T} \\ m_1 \neq 0}} \sum_{Q \subset \mathfrak{Q}_{m_1}} \sum_{b=-\infty}^{+\infty} Q U^b$$

wiedergeben, und man erhält für $-\nu + \varkappa < 0$:

$$\left. \begin{aligned} a_{-r,\, n+\varkappa}(v, -\nu + \varkappa) &= 2\pi\,(-i)^r \left(\frac{n+\varkappa}{\nu-\varkappa}\right)^{\frac{r-1}{2}} \sum_{\substack{m_1 \subset \mathfrak{T} \\ m_1 \neq 0}} \frac{\sigma_r(m_1)}{|m_1|} \times \\ &\quad \times W_{m_1}(n + \varkappa, v, -\nu + \varkappa)\, I_{r-1}\left(\frac{4\pi}{|m_1|} \sqrt{(n+\varkappa)(v-\varkappa)}\right), \end{aligned} \right\} \tag{4c. 5}$$

dagegen für $\nu = \varkappa = 0$

$$a_{-r,\, n}(v, 0) = \frac{(-2\pi i)^r}{\Gamma(r)}\, n^{r-1} \sum_{\substack{m_1 \subset \mathfrak{T} \\ m_1 \neq 0}} \frac{\sigma_r(m_1)}{|m_1|^r}\, W_{m_1}(n, v, 0), \tag{4c. 6}$$

wo $\sigma_r(m_1) = \exp\left(\frac{\pi i}{2} r\,(1 - \operatorname{sgn} m_1)\right)$ und in der Bezeichnung (4c. 4)

$$\left. \begin{aligned} W_{m_1}&(n + \varkappa, v, \nu + \varkappa) = \\ &= \sum_{Q \subset \mathfrak{Q}_{m_1}} v\left(\begin{pmatrix} j' & * \\ m_1 & j \end{pmatrix}\right)^{-1} \exp\left(\frac{2\pi i}{m_1}\{(n+\varkappa)j + (\nu+\varkappa)j'\}\right) \quad (\nu\ \text{ganz}). \end{aligned} \right\} \tag{4c. 7}$$

Einen direkten Beweis für die absolute Konvergenz der Reihen (4c. 5, 6) habe ich an anderer Stelle mitgeteilt[25]; danach konvergiert $\sum\limits_{\substack{m_1 \subset \mathfrak{T} \\ m_1 \neq 0}} E(m_1)\, |m_1|^{-r}$ wo $E(m_1)$ die Anzahl der j in $\mathfrak{R}_{m_1}$ bezeichnet.

---

[25] PETERSSON, H.: Über die Metrisierung der automorphen Formen und die Theorie der POINCARÉschen Reihen. Math. Ann. Bd. 117 (1940) S. 453 bis 537; siehe insbes. Satz 6, S. 473.

Wenn man $b = \mathfrak{Im}\, z$ so groß wählen will, daß die Pole der Reihenglieder von $H^+_{-r}(\tau, v, z)$ (dies als Funktion von τ betrachtet) unterhalb der Horizontalgeraden $y = \alpha_0$ liegen, so muß man an Stelle von (2b. 2) die nach (4c. 1) gültige Abschätzung

$$\mathfrak{Im}\, M\tau = \frac{y}{|m_1\tau + m_2|^2} \leq \frac{1}{m_1^2\, y} \leq \frac{1}{\underline{\vartheta}^2\, y} \leq \frac{1}{\underline{\vartheta}^2\, \alpha_0}$$

$$(\text{für } M < \Gamma,\, m_1 \neq 0,\, y \geq \alpha_0)$$

benutzen und $b > \dfrac{1}{\underline{\vartheta}^2\, \alpha_0}$ voraussetzen. Unter diesen Voraussetzungen $\left(y \geq \alpha_0,\, b > \dfrac{1}{\underline{\vartheta}^2\, \alpha_0}\right)$ ergibt sich nach (4c. 2) gleichlautend mit (3a. 4)

$$H^+_{-r}(\tau, v, z) = 2\pi i \sum_{h=0}^{\infty} G^+_{-r}(\tau, v, -h - \varkappa')\, e^{2\pi i (h + \varkappa')\, z}. \qquad (3\text{a. }4)$$

Andrerseits gilt, wie man mit Hilfe von (4c. 1, 5, 6, 7) und auf Grund der Konvergenz von $\sum\limits_{\substack{m_1 < \mathfrak{T} \\ m_1 \neq 0}} E(m_1)\, |m_1|^{-r}$ leicht einsieht:

$$\left| a_{-r,\, n+\varkappa}(v, -v + \varkappa) \right| \leq C_1(r, \Gamma)\, (n + \varkappa)^{r-1}\, e^{\frac{4\pi}{\underline{\vartheta}}\, \sqrt{(n+\varkappa)\,(v-\varkappa)}};$$

hier ist $C_1 > 0$ eine nur von Γ und r abhängige Konstante. Daraus folgt nach den Überlegungen von § 3a, daß die Doppelreihe in

$$H^+_{-r}(\tau, v, z) = 2\pi i \sum_{\substack{n+\varkappa > 0 \\ h \geq 0}} a_{-r,\, n+\varkappa}(v, -h - \varkappa')\, e^{2\pi i (n+\varkappa)\tau + 2\pi i (h+\varkappa')z} \qquad (3\text{a. }6)$$

für $y \geq \alpha_0 + \varepsilon,\; b \geq \dfrac{1}{\underline{\vartheta}^2\, \alpha_0} + \varepsilon$ bei beliebigem $\varepsilon > 0$ gleichmäßig absolut konvergiert.

Die Darstellung

$$H_{-r}(\tau, v, z) = 2\pi i \sum_{h=0}^{\infty} G_{-r}(\tau, v, -h - \varkappa')\, e^{2\pi i (h+\varkappa')z} \qquad (3\text{a. }7)$$

besteht dann im Sinne gleichmäßiger Absolutkonvergenz für

$$\alpha_0 + \varepsilon \leq y \leq \alpha_1, \qquad b \geq \max\left(\alpha_1,\, \frac{1}{\underline{\vartheta}^2\, \alpha_0}\right) + \varepsilon$$

bei beliebigem $\varepsilon > 0$. Dagegen gilt im gleichen Sinne

$$H_{-r}(\tau, v, z) = 2\pi i \sum_{n+\varkappa > 0} F_{r-2}(z, v', n + \varkappa)\, e^{2\pi i (n+\varkappa)\tau}, \qquad (3\text{a. }8)$$

wenn bei beliebigem $\varepsilon > 0$:

$$\frac{1}{\underline{\vartheta}^2\, \alpha_0} + \varepsilon \leq b \leq \beta_1, \qquad y \geq \max(\alpha_0, \beta_1) + \varepsilon$$

zutrifft.

Mit diesen und den bereits früher bewiesenen Teilaussagen läßt sich jetzt die gesamte, für die Modulgruppe $\Gamma = \Gamma(1)$ entwickelte Theorie mühelos auf die Grenzkreisgruppen Γ des genannten Typus übertragen. Wir verzeichnen das Ergebnis kurz in dem folgenden

Satz 4. *Es sei Γ eine Grenzkreisgruppe von erster Art mit der Spitzenanzahl $\sigma_0 = 1$, es sei ∞ parabolischer Fixpunkt von Γ, und es habe ein vertikal ins Unendliche reichender regulärer Fundamentalbereich $\mathfrak{F}$ von Γ dort die Breite 1. Bezeichnet r eine reelle Zahl > 2, v ein Multiplikatorsystem des Betrages 1 auf Γ von der Dimension $-r$, so gelten die Aussagen der Sätze 1 und 3 wörtlich und inhaltlich für Γ in genau dem gleichen Umfang wie für die Modulgruppe $\Gamma(1)$.*

Um das Analogon von Satz 2 zu formulieren, schreiben wir die Funktionen G_{-r}, H_{-r}, $a_{-r,\,n+\varkappa}$, F_{r-2} in der etwas ausführlicheren Bezeichnung

$$G_{-r}(\tau, v, \Gamma, -v + \varkappa), \qquad H_{-r}(\tau, v, z, \Gamma),$$

$$a_{-r,\,n+\varkappa}(v, \Gamma, -v + \varkappa), \qquad F_{r-2}(z, v', \Gamma, n + \varkappa).$$

Satz 5. *Unter den Voraussetzungen von Satz 4 und in der Terminologie von Satz 2 gilt*

$$\overline{G_{-r}(-\bar{\tau}, v, \Gamma, -v + \varkappa)} = G_{-r}\left(\tau, \tilde{v}, \tilde{\Gamma}, -v + \varkappa\right),$$

$$\overline{H_{-r}(-\bar{\tau}, v, \Gamma, -\bar{z})} = -H_{-r}\left(\tau, \tilde{v}, \tilde{\Gamma}, z\right),$$

$$\overline{F_{r-2}(-\bar{z}, v, \Gamma, n + \varkappa)} = F_{r-2}\left(z, \tilde{v}, \tilde{\Gamma}, n + \varkappa\right),$$

$$\overline{a_{-r,\,n+\varkappa}(v, \Gamma, -v + \varkappa)} = a_{-r,\,n+\varkappa}\left(\tilde{v}, \tilde{\Gamma}, -v + \varkappa\right).$$

Wir erwähnen zum Schluß noch eine Modifikation der Ergebnisse von Satz 3 und 4, die in manchen Fällen gegenüber den früher erhaltenen Darstellungen Vorteile bietet. Dabei legen wir die Voraussetzungen von Satz 4 zugrunde, behandeln also das allgemeinere Problem für die automorphen Formen von positiver reeller Dimension zu einer Grenzkreisgruppe Γ von der in § 4c zu Anfang genannten Beschaffenheit.

Ist $f(\tau) \in \{\Gamma, -r, v\}$ und $\tau = \tau_0$ ein Nichtfixpunkt in $\mathfrak{H}$, so setzen wir in Analogie zu (2a. 16)

$$f(\tau) = (\tau - \bar{\tau}_0)^{-r} \sum_{m=m_0}^{\infty} b_m(\tau_0, f)\, w^m, \qquad w = w_{\tau_0}(\tau) = \frac{\tau - \tau_0}{\tau - \bar{\tau}_0}. \qquad (4c.\ 8)$$

Der Residuensatz gewinnt dann an Stelle von (2b. 18) die Gestalt

$$
\left.
\begin{aligned}
&\frac{1}{2\pi i} \sum_{0 < n+\varkappa \leq m_0+\varkappa} b_{-n-\varkappa}(F)\, b_{n-\varkappa}(\varphi) + \\
&+ \sum_{k=1}^{e_0} \frac{1}{l_k(\omega_k - \overline{\omega}_k)} \sum_{\substack{m=1 \\ m \equiv a_k+1\,(l_k)}}^{n_0(k)} b_{-m}(\omega_k, F)\, b_{m-1}(\omega_k, \varphi) + \\
&+ \sum_{\nu=1}^{K} \frac{1}{c_\nu - \overline{c}_\nu} \sum_{m=1}^{n_0'(\nu)} b_{-m}(c_\nu, F)\, b_{m-1}(c_\nu, \varphi) = 0;
\end{aligned}
\right\}
\tag{4c. 9}
$$

er gilt für ein gegebenes $F(\tau) \subset \{\Gamma, r-2, v^{-1}\}$ und alle ganzen Spitzenformen $\varphi(\tau) \subset \{\Gamma, -r, v\}$. In (4c. 8, 9) unterliegt die reelle Zahl r keiner Einschränkung.

Die (4a. 9) entsprechende Formel lautet

$$
\left.
\begin{aligned}
&\frac{1}{(\nu-1)!} \frac{\partial^{\nu-1}}{\partial t^{\nu-1}} \left\{ (\tau - \overline{\tau}_0)^r H_{-r}(\tau, v, z) \right\}\Big|_{\tau=\tau_0} = \\
&= -2(\tau_0 - \overline{\tau}_0)(z - \overline{\tau}_0)^{r-2} w^{-\nu} + \Phi_\nu^*(z),
\end{aligned}
\right\}
\tag{4c. 10}
$$

wo $t = w_{\tau_0}(\tau)$, $w = w_{\tau_0}(z) = \dfrac{z - \tau_0}{z - \overline{\tau}_0}$ und $\Phi_\nu^*(z)$ eine bei $w = 0$ reguläre Funktion von w bezeichnet ($0 \leq |w| < \varrho_0$ für passendes $\varrho_0 > 0$). Man erkennt hieraus, und die weiteren Entwicklungen bestätigen, daß die Nichtfixpunkte τ_0 bzw. c_ν in $\mathfrak{H}$ nach demselben Formalismus zu behandeln sind, wie die elliptischen Fixpunkte von Γ (auch wenn es keine solchen gibt) mit der einzigen Modifikation, daß für Nichtfixpunkte formal $l = 1$ zu schreiben ist. Entsprechend erklären wir also $Y_{r-2}(\tau_0, v', z, \nu)$ durch die rechte Seite der zweiten Gleichung (4b. 1), nachdem dort ω durch den Nichtfixpunkt τ_0 ersetzt wurde. Dann besteht ebenfalls die analog aufzufassende zweite Gleichung (4b. 4).

Der danach zu vollziehende Ansatz für die Linearkombination $\Lambda(z)$ entsteht aus (4b. 5), indem der dritte Term auf der rechten Seite durch

$$
\sum_{\nu=1}^{K} \sum_{m=1}^{n_0'(\nu)} \varrho_{\nu m}'\, Y_{r-2}(c_\nu, v', z, m)
\tag{4c. 11}
$$

ersetzt wird. $\Lambda(z)$ zeigt daher das bei (4b. 6) angegebene Verhalten mit dem einzigen Unterschied, daß jetzt

$$
-2(c_\nu - \overline{c}_\nu)(z - \overline{c}_\nu)^{r-2} \sum_{m=1}^{n_0'(\nu)} \varrho_{\nu m}'\, w^{-m}
\qquad \left(w = \frac{z - c_\nu}{z - \overline{c}_\nu} \right)
\tag{4c. 12}
$$

den Hauptteil von $\Lambda(z)$ im Punkte $z = c_\nu$ darstellt. Die Hauptteilbedingung für $\Lambda(z)$ entsteht aus (4b. 7) durch Fortlassen des * an $b^*_{n-1}(c_\nu, \varphi)$ in der Doppelsumme über ν und m, und daher gilt nun

Satz 6. *Sämtliche Aussagen von Satz 4 bleiben bei Ausübung der soeben genannten Modifikationen richtig.*

Die Darstellungen der automorphen Form $F(z) < \{\Gamma, r-2, v'\}$ und ihrer FOURIER-Koeffizienten erhalten nunmehr die Gestalt

$$
\begin{aligned}
F(z) = \sum_{0 < n+\varkappa \le m_0+\varkappa} \left(-\frac{1}{2}\right) b_{-n-\varkappa}(F)\, F_{r-2}(z, v', n+\varkappa) + \\
+ \sum_{\substack{k=1}}^{e_0} \frac{-1}{2 l_k(\omega_k - \bar{\omega}_k)} \sum_{\substack{m=1 \\ m \equiv a_k+1\,(l_k)}}^{n_0(k)} b_{-m}(\omega_k, F)\, Y_{r-2}(\omega_k, v', z, m) + \\
+ \sum_{v=1}^{K} \frac{-1}{2(c_\nu - \bar{c}_\nu)} \sum_{m=1}^{n_0'(\nu)} b_{-m}(c_\nu, F)\, Y_{r-2}(c_\nu, v', z, m) .
\end{aligned}
\right\} \text{(4b.13)}
$$

$$
\begin{aligned}
b_{h+\varkappa'}(F) = \; & \frac{1}{2} \sum_{0 < n+\varkappa \le m_0+\varkappa} b_{-n-\varkappa}(F)\, a_{-r,\,n+\varkappa}(v, \quad h \quad \varkappa') \; | \\
& - \pi i \sum_{k=1}^{e_0} \frac{1}{l_k(\omega_k - \bar{\omega}_k)} \sum_{\substack{m=1 \\ m \equiv a_k+1\,(l_k)}}^{n_0(k)} b_{-m}(\omega_k, F) \times \\
& \times \frac{1}{(m-1)!} \frac{\partial^{m-1}}{\partial t_k^{m-1}} \left\{ (\tau \quad \bar{\omega}_k)^r\, G_{-r}(\tau, v, \quad h \quad \varkappa') \right\}\Big|_{\tau=\omega_k} \;+ \\
& - \pi i \sum_{v=1}^{K} \frac{1}{c_\nu - \bar{c}_\nu} \sum_{m=1}^{n_0'(\nu)} b_{-m}(c_\nu, F) \times \\
& \times \frac{1}{(m-1)!} \frac{\partial^{m-1}}{\partial t_\nu'^{\,m-1}} \left\{ (\tau - \bar{c}_\nu)^r\, G_{-r}(\tau, v, -h-\varkappa') \right\}\Big|_{\tau=c_\nu} ;
\end{aligned}
\right\} \text{(1c.14)}
$$

hier ist $t_k = \dfrac{\tau - \omega_k}{\tau - \bar{\omega}_k}$, $t_\nu' = \dfrac{\tau - c_\nu}{\tau - \bar{c}_\nu}$ zu setzen.

Anhang.
§ 5. Ergänzungen zur allgemeinen Theorie.

5a) *Basis-Darstellungen nicht-ganzer Modulformen,*
die in der oberen Halbebene regulär sind.

Wir verstehen unter $j_0(\tau)$ diejenige absolute Invariante der Modulgruppe, welche im Fundamentalbereich jeden Wert genau einmal und in $\xi = e^{\frac{\pi i}{3}}$, i, ∞ die Werte 0, 12^3, ∞ annimmt;

$$
j_0(\tau) = e^{-2\pi i \tau} + \sum_{m=0}^{\infty} c_m\, e^{2\pi i m \tau} = e^{-2\pi i \tau} \left(1 + \sum_{m=0}^{\infty} c_m\, e^{2\pi i (m+1)\tau} \right)
$$

hat also ganze Fourier-Koeffizienten $c_m\,(m \geq 0)$. Ferner setzen wir

$$\left.\begin{aligned}
\eta(\tau)^s &= \varDelta(\tau)^{\frac{s}{24}} = e^{\pi i \frac{s\tau}{12}} \prod_{m=1}^{\infty} (1 - e^{2\pi i m \tau})^s \qquad (s \text{ komplex}) \\[2mm]
g_{-h}^0(\tau) &= \frac{1}{2} \sum_{\substack{m_1,\,m_2 \\ (m_1,\,m_2)=1}} (m_1\,\tau + m_2)^{-h} \qquad (h \equiv 0\,(2),\ h > 2).
\end{aligned}\right\} \quad (5\,\text{a. }1)$$

Die Potenzen $\big(j_0(\tau) - 12^3\big)^{a'/2}$, $j_0(\tau)^{b'/3}$ sind für ganze a', b' durch

$$\left.\begin{aligned}
\dot{j}_{a',0}(\tau) &\equiv \big(\dot{j}_0(\tau) - 12^3\big)^{a'/2} = e^{-\pi i a' \tau}\left(1 + \sum_{m=0}^{\infty} c_m' \, e^{2\pi i (m+1)\tau}\right) \\[2mm]
\dot{j}_{0,b'}(\tau) &\equiv \dot{j}_0(\tau)^{b'/3} = e^{-\frac{2\pi i}{3} b' \tau}\left(1 + \sum_{m=0}^{\infty} c_m'' \, e^{2\pi i (m+1)\tau}\right),
\end{aligned}\right\} \quad (5\,\text{a. }2)$$

als in $\mathfrak{H}$ eindeutige multiplikative Funktionen $\{0,\,u_{a',0}\}$ bzw. $\{0,\,u_{0,b'}\}$ erklärbar. Daß sie und ihr Produkt

$$\dot{j}_{a',b'}(\tau) = \dot{j}_{a',0}(\tau)\,\dot{j}_{0,b'}(\tau) < \{0,\,u_{a',b'}\}$$

ebenfalls ganze Fourier-Koeffizienten haben, folgt unmittelbar aus den klassischen Beziehungen von Weierstrass zwischen den Funktionen $\dot{j}_0,\eta,g_{-4}^0,g_{-6}^0$, die sich hier in der Gestalt

$$\dot{j}_{0,1}(\tau) = g_{-4}^0(\tau)\,\eta(\tau)^{-8}, \qquad \dot{j}_{1,0}(\tau) = g_{-6}^0(\tau)\,\eta(\tau)^{-12} \qquad (5\,\text{a. }3)$$

schreiben lassen, und aus den Fourier-Entwicklungen der $g_{-h}^0(\tau)$ $(h \equiv 0 \bmod 2,\ h > 2)$

$$\left.\begin{aligned}
g_{-h}^0(\tau) &= 1 + \frac{2h}{B_{h/2}} (-1)^{h/2} \sum_{n=1}^{\infty} d_{h-1}(n)\, e^{2\pi i n \tau}, \\[2mm]
d_{h-1}(n) &= \sum_{d|n,\,d>0} d^{h-1};
\end{aligned}\right\} \quad (5\,\text{a. }4)$$

dabei bezeichnet $B_{h/2}$ die Bernoullische Zahl des Index $h/2$, und es ist

$$\frac{2h}{B_{h/2}} = 240,\ 504,\ 480,\ 264,\ 24 \text{ für bzw. } h = 4,\ 6,\ 8,\ 10,\ 14. \qquad (5\,\text{a. }5)$$

Es sei die reelle Zahl $r > 2$ und es sei das Multiplikatorsystem v der Modulgruppe zur Dimension $-r$ fest gegeben. Wir bezeichnen mit a, b die v nach (2a. 17) in bezug auf die elliptischen Fixpunkte i, ξ zugeordneten ganzen Zahlen a, die mit $\varkappa$ bekanntlich[26] durch die Relationen

$$0 \leq a \leq 1, \qquad 0 \leq b \leq 2, \qquad \frac{a}{2} + \frac{b}{3} + \varkappa \equiv \frac{r}{12} \bmod 1 \qquad (5\,\text{a. }6)$$

---

[26] Siehe S. 49, Fußnote [23], S. 186.

verknüpft sind [vgl. auch (2a. 11)]. Ferner sei $a' = 1 - a$, $b' = 2 - b$. Nach dem RIEMANN-ROCHSCHEN Satz für die Modulformen reeller Dimension[27] ist der Rang μ der Schar der ganzen Spitzenformen $\{-r, v\}$ der Modulgruppe durch

$$\mu = \frac{r}{12} - \varkappa^+ - \frac{a}{2} - \frac{b}{3} + 1 \qquad (5\,\text{a}.\ 7)$$

gegeben. Daraus folgt zunächst

$$f_{r,a,b}(\tau) \equiv \eta(\tau)^{4-2r}\, j_{a',b'}(\tau) < \{r - 2, v'\} \quad (v' = v^{-1}). \qquad (5\,\text{a}.\ 8)$$

Denn die Drehreste von $f_{r,a,b}$ in den Fixpunkten i, ξ haben die gleichen Werte $a'/2$, $b'/3$ wie die der Klasse $\{r - 2, v'\}$, und sie bestimmen das Multiplikatorsystem im Spezialfall der Modulgruppe eindeutig; die allgemeine Aussage, nach der (übrigens bei beliebigen Grenzkreisgruppen Γ) der Drehrest vom Werte a/l in der Klasse $\{\Gamma, -r, v\}$ zum Werte $1 - \frac{1}{l} - \frac{a}{l}$ in der Klasse $\{\Gamma, r - 2, v'\}$ übergeht, ist leicht zu bestätigen. Für die Ordnung von $f_{r,a,b}(\tau)$ im Unendlichen erhält man nach (5a. 1, 2, 7):

$$\operatorname{ord}_\infty f_{r,a,b}(\tau) = -\mu', \quad \mu' = \mu + \varkappa^+ \quad (-\mu' = -\mu - 1 + \varkappa'). \qquad (5\,\text{a}.\ 9)$$

Es bezeichne nun $F(\tau)$ eine beliebige in $\mathfrak{H}$ reguläre Modulform $\{r - 2, v'\}$. Da $F(\tau)\, j_{a',b'}(\tau)^{-1}$ auch noch in $\mathfrak{H}$ regulär ist, hat $F(\tau)$ die Gestalt

$$F(\tau) = f_{r,a,b}(\tau)\, P(j_0(\tau)) \quad (P(z) \text{ ein Polynom in } z); \qquad (5\,\text{a}.\ 10)$$

man erkennt daraus, daß μ' der kleinste Wert ist, den die Ordnung eines solchen $F(\tau)$ im Unendlichen dem Betrage nach haben kann. Weiter ergibt sich für jedes natürliche k die Existenz einer eindeutig bestimmten Form

$$\left.\begin{array}{c} D_{r-2,\,-\mu-k}(\tau) \equiv D_{r-2}(\tau, v', -\mu - k + \varkappa') < \{r - 2, v'\} \\[4pt] (k = 1, 2, \ldots), \end{array}\right\} \qquad (5\,\text{a}.\ 11)$$

die in $\mathfrak{H}$ regulär ist und dort eine FOURIER-Entwicklung von der Gestalt

$$\left.\begin{array}{l} D_{r-2}(\tau, v', -\mu - k + \varkappa') = e^{2\pi i(-\mu - k + \varkappa')\tau} + \\[6pt] \qquad + \sum\limits_{m=-\mu}^{\infty} \alpha_{r-2,\,m+\varkappa'}(v', -\mu - k + \varkappa')\, e^{2\pi i(m+\varkappa')\tau} \end{array}\right\} \qquad (5\,\text{a}.\ 12)$$

---

[27] Siehe S. 49, Fußnote [23], S. 188.

zuläßt. Und schließlich folgt aus (5a. 1–5, 8–10), daß alle $\alpha_{r-2,\,m+\varkappa}(v',\,-\mu-k+\varkappa')$ ganze rationale Zahlen sind, wenn r ganz oder halbzahlig ist.

Zur Darstellung der $D_{r-2,\,-\mu-k}$ durch die $F_{r-2}(\tau,\,v',\,n+\varkappa)$ bilde man, wenn $\mu>0$ ist, die Funktion

$$g_{r,\,a,\,b}(\tau) = g^0_{-6}(\tau)^a\, g^0_{-4}(\tau)^b\, \Delta(\tau)^{\mu'-1} < \{-r,\,v\},$$

in der man eine ganze Spitzenform der angegebenen Klasse erkennt [vgl. (5a. 7, 9) und die oben angedeutete Schlußweise]. Daher bilden die Modulformen

$$g_{r,\,a,\,b}(\tau)\, j_0(\tau)^m < \{-r,\,v\} \quad (m = 0, 1, 2, \ldots, \mu-1) \qquad (5a.\ 13)$$

ersichtlich eine Basis der Schar $\mathfrak{C}^+(-r,\,v)$ der ganzen Spitzenformen $\{-r,v\}$. Durch eine lineare Transformation mit einer Dreiecksmatrix läßt sich das System (5a. 13) in eine Basis mit „reduzierter Anfangsmatrix"

$$\varphi_j(\tau) = e^{2\pi i(j-1+\varkappa^+)\tau} + \sum_{m=\mu}^{\infty} b_{m+\varkappa^+}(\varphi_j)\, e^{2\pi i(m+\varkappa^+)\tau} \quad (1 \leq j \leq \mu) \qquad (5a.\ 14)$$

der Schar $\mathfrak{C}^+(-r,v)$ überführen, und hier sind die $b_{m+\varkappa^+}(\varphi_j)$ ebenfalls sämtlich ganzrational, wenn $r \equiv 0 \bmod \frac{1}{2}$, weil nach (5a. 7, 9) dann $24\mu' \equiv 2r \equiv 0 \bmod 1$ erfüllt ist.

Der Hauptteilsatz (2b. 18) gewinnt nun für eine in $\mathfrak{H}$ reguläre Form

$$F(\tau) = \sum_{m=-n_0}^{\infty} b_{m+\varkappa'}(F)\, e^{2\pi i(m+\varkappa')\tau} < \{r-2,\,v'\} \qquad (5a.\ 15)$$

die Gestalt [vgl. (5a. 9)]

$$b_{-j+\varkappa'}(F) + \sum_{m=\mu+1}^{n_0} b_{-m+\varkappa'}(F)\, b_{m-1+\varkappa^+}(\varphi_j) = 0 \quad (1 \leq j \leq \mu),$$

und dies besagt für $F(\tau) = D_{r-2}(\tau,\,v',\,-\mu-k+\varkappa')$:

$$\alpha_{r-2,\,-j+\varkappa'}(v',\,-\mu-k+\varkappa') + b_{\mu+k-1+\varkappa^+}(\varphi_j) = 0 \quad (1 \leq j \leq \mu),$$

so daß schließlich

$$\left.\begin{aligned}
D_{r-2}(\tau,\,v',\,-\mu-k+\varkappa') &= e^{2\pi i(-\mu-k+\varkappa')\tau} + \\
&\quad - \sum_{j=1}^{\mu} b_{\mu+k-1+\varkappa^+}(\varphi_j)\, e^{2\pi i(-j+\varkappa')\tau} + \\
&\quad + \sum_{m=0}^{\infty} \alpha_{r-2,\,m+\varkappa'}(v',\,-\mu-k+\varkappa')\, e^{2\pi i(m+\varkappa')\tau}.
\end{aligned}\right\} \qquad (5a.\ 16)$$

Damit sind die Hauptteile der Funktionen

$$D_{r-2}(\tau, v', -\mu - k + \varkappa') \quad (k \geq 1)$$

vollständig bestimmt. Die D_{r-2} bilden eine Basis für die Schar der in $\mathfrak{H}$ regulären Modulformen $\{r-2, v'\}$: Die Modulform (5a. 15) $F(\tau)$ gestattet die folgende eindeutige Darstellung als Linearkombination der D_{r-2}:

$$F(\tau) = \sum_{m=\mu+1}^{n_v} b_{-m+\varkappa'}(F) \, D_{r-2}(\tau, v', -m + \varkappa').$$

Andrerseits lassen sich nun die D_{r-2} nach Satz 1 linear aus den Funktionen $F_{r-2}(\tau, v', n + \varkappa)$ zusammensetzen. Man findet

$$D_{r-2}(\tau, v', -\mu - k + \varkappa') = -\frac{1}{2} F_{r-2}(\tau, v', \mu + k - \varkappa') +$$

$$+ \sum_{j=1}^{\mu} b_{\mu+k-1+\varkappa^+}(\varphi_j) \frac{1}{2} F_{r-2}(\tau, v', j - \varkappa')$$

und somit schließlich

$$\frac{1}{2} a_{-r, \mu+k-1+\varkappa^+}(v, -h - \varkappa') =$$

$$= \sum_{j=1}^{\mu} b_{\mu+k-1+\varkappa^+}(\varphi_j) \frac{1}{2} a_{-r, j-1+\varkappa^+}(v, -h - \varkappa') +$$

$$- \alpha_{r-2, h+\varkappa'}(v', -\mu - k + \varkappa') \quad (k \geq 1, h \geq 0).$$

Wir formulieren dieses Ergebnis für $r \equiv 0 \bmod \frac{1}{2}$ in dem folgenden

Satz 7. *Es sei* $r \equiv 0 \bmod \frac{1}{2}$, $r \geq \frac{5}{2}$, v *ein Multiplikatorsystem auf der Modulgruppe von der Dimension* $-r$. *Wir betrachten die* Fourier-*Koeffizienten*

$$\frac{1}{2} a_{-r, m+\varkappa^+}(v, -h - \varkappa') \, (m \geq 0)$$

der Modulformen

$$\frac{1}{2} G_{-r}(\tau, v, -h - \varkappa') < \{-r, v\} \quad (h \geq 0),$$

die in $\mathfrak{H}$ *regulär sind und im Unendlichen den eingliedrigen Hauptteil* $e^{-2\pi i(h+\varkappa')\tau}$ *besitzen, der hier einschließlich des (nur für* $\varkappa = \varkappa' = 0$ *vorhandenen) konstanten Gliedes zu verstehen ist. Diese*

$$\frac{1}{2} a_{-r, m+\varkappa^+}(v, -h - \varkappa')$$

sind sämtlich ganzrational, wenn es außer Null keine ganzen Spitzenformen $\{-r, v\}$ gibt. Ist dagegen der Rang μ der Schar der ganzen Spitzenformen $\{-r, v\}$ positiv, so lassen sich die genannten Koeffizienten in der Gestalt

$$\frac{1}{2} a_{-r,\,m+\varkappa^+}(v, -h-\varkappa') = \sum_{j=1}^{\mu} b_{m+\varkappa^+}(\varphi_j)\,\frac{1}{2}\,a_{-r,\,j-1-\varkappa^+}(v, -h-\varkappa') +$$
$$- \alpha_{r-2,\,h+\varkappa'}(v', -m-\varkappa^+)$$

darstellen, in der alle $b_{m+\varkappa^+}(\varphi_j)$, $\alpha_{r-2,\,h+\varkappa'}(v', -m-\varkappa^+)$ ganzrationale Zahlen sind. Dies besagt also, daß die für irgendein festes $h \geq 0$ gebildeten $a_m = \frac{1}{2} a_{-r,\,m+\varkappa^+}(v, -h-\varkappa')\;(m = 0, 1, 2, \ldots)$ linear mit ganzrationalen Koeffizienten aus den $\mu + 1$ festen Zahlen $1, a_0, a_1, \ldots, a_{\mu-1}$ zusammengesetzt werden können.

Wie eingangs erwähnt, verdienen die Modulformen

$$G_{-r}(\tau, v, -h-\varkappa')\,(h \geq 0)$$

deshalb ein besonderes Interesse, weil sie zu den Normalfunktionen $\{-r, v\}$ gehören, d.h. zu allen ganzen Spitzenformen $\{-r, v\}$ orthogonal sind. Jede Normalfunktion $\{-r, v\}$ ist durch diese ihre Eigenschaft und durch ihre Hauptteile eindeutig bestimmt.

Im Falle des Partitionenproblems hat man die Funktion $\eta(\tau)^{-1} < \{r-2, v'\}$ zu untersuchen. In diesen Formenklassen $\{r-2, v'\}$ bzw. $\{-r, v\}$ gilt

$$r = \frac{5}{2},\; a' = b' = 0,\; \varkappa' = \frac{23}{24},\; a = 1,\; b = 2,\; \varkappa = \frac{1}{24}\;;\mu = 0,\; v = v_{0,1},$$

und die Partitionenanzahl $p(n)$ wird durch [vgl. (2a. 12)]

$$p(n) = -\frac{1}{2} a_{-\frac{5}{2},\,\frac{1}{24}}\!\left(v_{01}, -n + \frac{1}{24}\right)\quad (n \geq 1)$$

dargestellt. Nach Satz 7 sind nicht nur diese $p(n)$ sondern auch alle $-\frac{1}{2} a_{-\frac{5}{2},\,m+\frac{1}{24}}\!\left(v_{01}, -n + \frac{1}{24}\right)(m \geq 0, n \geq 1)$ ganze rationale Zahlen. Wenn in einer Formenklasse $\{-r, v\}$ die Zahl $\varkappa$ verschwindet, wenn also r gerade und $v \equiv 1$ ist, so findet sich unter den $\frac{1}{2} G_{-r}(\tau, 1, -h)$ insbesondere die Eisensteinreihe

$$\frac{1}{2} G_{-r}(\tau, 1, 0) = g^0_{-r}(\tau).$$

Hier zeigt die Tabelle (5a. 5), daß die in (5a. 4) angegebenen Fourier-Koeffizienten von $g^0_{-r}(\tau)$ für $r = 4, 6, 8, 10, 14$, also gerade dann, wenn $\mu = 0$ ist, in der Tat ganzzahlig ausfallen. Bereits im Falle $r = 12$ $(\mu = 1)$ aber enthält die reduzierte Darstellung des Bruches $\dfrac{2r}{B_{r/2}} = \dfrac{24}{B_6}$ im Nenner die Primzahl 691, die daher im reduzierten Nenner aller derjenigen Koeffizienten $b_p(g^0_{-12})$ auftritt, für welche p eine Primzahl $\not\equiv -1 \bmod 691$ ist. Der obige Satz 7 läßt sich demnach sicher nicht dahin erweitern, daß stets alle

$$\frac{1}{2}\, a_{-r,\, m+\varkappa^+}(v,\, -h - \varkappa')$$

unter den Bedingungen von Satz 7 ganzrational seien. Ich neige jedoch zu der Vermutung, daß zum mindesten für $r \equiv 0 \bmod 2$, $v = 1$ alle $\frac{1}{2}\, a_{-r,\, j}(v,\, -h)\,(1 \le j \le \mu,\, h \ge 0)$ rationale oder wenigstens algebraische Zahlen darstellen, was bedeuten würde, daß die sämtlichen $\frac{1}{2}\, a_{-r,\, m}(v,\, -h)\,(m \ge 1,\, h \ge 0)$ algebraische Zahlen mit einem bei festem h endlichen Hauptnenner sind. Gegenwärtig ist diese Aussage nur für $h = 0$ bewiesen [vgl. (5 a. 4)].

5 b) *Das metrische Verhalten der $H_{-r}(\tau,\, v,\, z)$ als Funktionen von τ.*

Während in die Darstellungen der FOURIER-Koeffizienten der Modul- und automorphen Formen von positiver Dimension lediglich die Funktionen $G_{-r}(\tau,\, v,\, -v + \varkappa)$ und ihre FOURIER-Koeffizienten eingehen, wobei eben diese Funktionen als Normalfunktionen, d. h. durch ihre Orthogonalität zu den ganzen Spitzenformen $\{\Gamma,\, -r,\, v\}$ befriedigend gekennzeichnet sind, erscheinen in den Darstellungen der automorphen Formen selbst die Reihen $H_{-r}(\tau, v, z)$, die außerdem in den Beweisen der Darstellungssätze die Hauptrolle spielen. Von diesen Reihen läßt sich unmittelbar einsehen, daß sie (als Funktionen von τ) im allgemeinen nicht der Normalschar angehören können, weil ihnen gewisse Eigenschaften abgehen, die den Normalfunktionen mit einfachen Polen in der oberen Halbebene stets zukommen. Es entsteht daher naturgemäß die Frage nach dem metrischen Verhalten dieser $H_{-r}(\tau, v, z)$ als Funktionen von τ.

Wir wollen diese Frage unter möglichst allgemeinen Bedingungen erörtern, betrachten also eine beliebige Grenzkreisgruppe (Matrizengruppe) Γ von erster Art[23], von der wir neben $-I < \Gamma$ lediglich voraussetzen, daß die entsprechende Substitutionsgruppe $\overline{\Gamma}$ parabolische Substitutionen enthalte und daß ∞ ein parabolischer

Fixpunkt von $\overline{\Gamma}$ sei. Ferner sei $U^N = \begin{pmatrix} 1 & N \\ 0 & 1 \end{pmatrix}$ die Grundmatrix dieses Fixpunktes, d.h. es werde die Gruppe der Matrizen $L < \Gamma$ mit $L\infty = \infty$ von den Matrizen $-I$ und U^N erzeugt. Dabei ist N eine gewisse positive Zahl, die L der genannten Gruppe sind von selbst parabolisch, und U^N ist für nicht-ganzes N als symbolische Potenz von U aufzufassen.

Es sei wie früher: $\mathfrak{S}$ ein volles System von Matrizen M aus Γ mit verschiedenen zweiten Zeilen, r eine reelle Zahl > 2, v ein Multiplikatorsystem auf Γ von der Dimension $-r$, $|v(L)| = 1$ für alle $L < \Gamma$. Wir setzen [15,28]

$$G_{-r}(\tau, v, \Gamma, \nu + \varkappa) = \sum_{M < \mathfrak{S}} e^{2\pi i(\nu + \varkappa)\frac{M\tau}{N}} \left(v(M)(m_1\tau + m_2)^r\right)^{-1}, \qquad (5\,\mathrm{b}.\,1)$$

$$\left.\begin{aligned} \Psi_{-r}(\tau, v, z, \Gamma) = \sum_{M < \Gamma} \big(v(M)(m_1\tau + m_2)^r \times \\ \times (M\tau - \bar{z})^{r-1}(M\tau - z)\big)^{-1}, \end{aligned}\right\} \qquad (5\,\mathrm{b}.\,2)$$

$$\left.\begin{aligned} H_{-r}(\tau, v, z, \Gamma) = \frac{2\pi i}{N}\, e^{2\pi i \varkappa'\frac{z}{N}} \sum_{M < \Gamma} \left(v(M)(m_1\tau + m_2)^r\right)^{-1} \times \\ \times\, e^{2\pi i \varkappa^+ \frac{M\tau}{N}} \left(e^{2\pi i\frac{M\tau}{N}} - e^{2\pi i\frac{z}{N}}\right)^{-1}. \end{aligned}\right\} \qquad (5\,\mathrm{b}.\,3)$$

Dabei ist jetzt ν eine beliebige ganze Zahl, aber wie früher z ein Punkt in $\mathfrak{H}$, $\underline{M} = \{m_1, m_2\}$ und

$$v(U^N) = e^{2\pi i \varkappa}, \quad 0 \leq \varkappa < 1, \quad \varkappa^+ \equiv \varkappa \bmod 1, \quad 0 < \varkappa^+ \leq 1, \quad \varkappa^+ + \varkappa' = 1.$$

Das analytische Verhalten der Reihen (5b. 1—3) läßt sich mit den üblichen Methoden leicht bestimmen. Um die betreffenden Aussagen zu formulieren, bemerken wir, daß der unter § 2b erklärte Begriff eines regulären Fundamentalbereiches im gleichen Sinne wie dort auch für die allgemeinen Gruppen Γ gebildet werden kann und soll. Es bestehen die folgenden Tatsachen:

1. Alle $G_{-r}(\tau, v, \nu + \varkappa)$ mit $\nu + \varkappa > 0$ sind ganze Spitzenformen $\{\Gamma, -r, v\}$.

---

[28]·Die hier eingeführten Partialbruchreihen Ψ_{-r} sind den Punkten z in $\mathfrak{H}$ nach einem allgemeinen Prinzip zugeordnet, das in der Einleitung zu der folgenden Abhandlung aufgestellt ist: H. Petersson, Einheitliche Begründung der Vollständigkeitssätze für die Poincaréschen Reihen von reeller Dimension bei beliebigen Grenzkreisgruppen von erster Art (Abh. Math. Sem. Hamburg Bd. 14 (1941) S. 22—60). In dieser Arbeit werden nur ganze Spitzenformen untersucht; die den obigen Ψ_{-r} entsprechenden Funktionen sind dort mit Φ_{-r} bezeichnet.

2. Es sei $\mathfrak{F}$ ein regulärer Fundamentalbereich von Γ mit der Spitze ∞. Ein $G_{-r}(\tau, v, \Gamma, v+\varkappa)$ mit $v+\varkappa \leq 0$ verhält sich in allen Punkten von $\mathfrak{F}$ mit Ausnahme der Spitze ∞ wie eine ganze Spitzenform $\{\Gamma, -r, v\}$. In der Spitze ∞ hat $G_{-r}(\tau, v, \Gamma, v+\varkappa)$ den (einschließlich des konstanten Gliedes zu verstehenden) Hauptteil

$$2e^{2\pi i (v+\varkappa)\frac{\tau}{N}} \quad (v+\varkappa \leq 0).$$

3. Es sei $\mathfrak{F}$ ein regulärer Fundamentalbereich von Γ, der z enthält. Sowohl $\Psi_{-r}(\tau, v, z, \Gamma)$ als auch $H_{-r}(\tau, v, z, \Gamma)$ verhalten sich in allen Punkten von $\mathfrak{H}$ mit Ausnahme höchstens des Punktes $\tau = z$ wie ganze Spitzenformen $\{\Gamma, -r, v\}$. Im Punkte $\tau = z$ haben beide Funktionen einen Pol erster Ordnung, wenn z nicht Fixpunkt und ebenso, wenn z (elliptischer) Fixpunkt der Ordnung l mit $a = l - 1$ ist [vgl. (2a. 17)].

4. In diesen Fällen gestattet $\Psi_{-r}(\tau, v, z, \Gamma)$ eine Entwicklung von der Gestalt (4c. 8) mit $\tau_0 = z$ und dem Hauptteil $(\tau - \bar{z})^{-r} \times \times 2l\, w_z(\tau)^{-1}$, wo $l = 1$, wenn z nicht Fixpunkt ist. Ist hingegen z ein elliptischer Fixpunkt der Ordnung l und $0 \leq a \leq l - 2$, so verschwindet $\Psi_{-r}(\tau, v, z, \Gamma)$ identisch in der Variablen τ.

5. $\Psi_{-r}(\tau, v, z, \Gamma)$ genügt für alle $L < \Gamma$ der Transformationsgleichung

$$\Psi_{-r}(\tau, v, Lz, \Gamma) = v'(L)(\gamma \bar{z} + \delta)^{r-1}(\gamma z + \delta)\, \Psi_{-r}(\tau, v, z, \Gamma),$$

wo $\underline{L} = \{\gamma, \delta\}$ und $\arg(\gamma \bar{z} + \delta) = -\arg(\gamma z + \delta)$.

6. Das (im klassischen Sinne zu verstehende) Residuum von $H_{-r}(\tau, v, z, \Gamma)$ im Punkte $\tau = Lz (L < \Gamma)$ bestimmt sich durch (2b. 11).

Diese funktionentheoretischen Aussagen beruhen wesentlich auf den Konvergenzbeweisen aus [24]. Darüber hinaus besteht die folgende metrische Kennzeichnung:

7. Alle $G_{-r}(\tau, v, \Gamma, v+\varkappa)(v+\varkappa \leq 0)$ und alle $\Psi_{-r}(\tau, v, z, \Gamma)$ sind Normalfunktionen $\{\Gamma, -r, v\}$, d.h. zu der vollen Schar der ganzen Spitzenformen $\{\Gamma, -r, v\}$ orthogonal. Jede dieser Funktionen ist durch ihre Hauptteile in einem Fundamentalbereich von Γ und durch diese Eigenschaft eindeutig bestimmt.

Die Orthogonalität einer Form $F(\tau) < \{\Gamma, -r, v\}$ zu einer ganzen Spitzenform $\varphi(\tau)$ dieser Klasse besagt, daß das Skalarprodukt

$$(F, \varphi) = \big(F(\tau), \varphi(\tau)\big) = \iint_{\mathfrak{F}} F(\tau)\overline{\varphi(\tau)}\, y'^{-2}\, dx\, dy \qquad (5\mathrm{b}.\ 4)$$

in einem zu verabredenden bestimmten Sinne existiert und verschwindet ($\mathfrak{F}$ bezeichnet einen beliebigen regulären Fundamentalbereich von Γ). Für die unter 7. genannten $F(\tau)$ ist (5b. 4) ein uneigentliches Integral; dieses konvergiert absolut, wenn $F(\tau) = \Psi_{-r}(\tau, v, z, \Gamma)$ oder $= G_{-r}(\tau, v, \Gamma, 0)$ $(v = \varkappa = 0)$, während es im Falle $F(\tau) = G_{-r}(\tau, v, \Gamma, v + \varkappa)\,(v + \varkappa < 0)$ in folgender Bedeutung zu verstehen ist: Wegen der Invarianz der Differentialform unter dem Integral (5b. 4) kann von dem regulären Fundamentalbereich $\mathfrak{F}$, über den integriert wird, angenommen werden, daß er die Spitze ∞ hat, d.h. in hinreichender Höhe $y = \mathfrak{Im}\,\tau$ mit einem einseitig offenen Vertikalstreifen zusammenfällt. Hat $\mathfrak{F}$ diese Beschaffenheit, so schließe man den Vertikalstreifen in der Höhe ϑ durch eine Horizontalstrecke, bilde bei hinreichend großem ϑ das offenbar absolut konvergente Integral (5b. 4) über die τ von $\mathfrak{F}$ mit $y \leq \vartheta$ und lasse sodann ϑ über alle Grenzen wachsen. Der Integralwert (5b. 4) ist dann definitionsgemäß mit diesem Grenzwert identisch, von dem leicht gezeigt werden kann, daß er im vorliegenden Falle existiert. —

Das metrische Verhalten der Funktionen $H_{-r}(\tau, v, z, \Gamma)$ in ihrer Abhängigkeit von τ wird sich durch einen Vergleich mit den $\Psi_{-r}(\tau, v, z, \Gamma)$ ergeben, deren metrisches Verhalten aus 7. hervorgeht. Wir gehen von $\Psi_{-r}(\tau, v, z, \Gamma)$ aus, denken uns τ und z so gewählt, daß für kein M aus $\mathfrak{S}$ die Zahl $M\tau - z$ reell ist und setzen zur Abkürzung vorübergehend

$$w = \frac{M\tau - z}{N}, \qquad w^* = \frac{M\tau - \bar{z}}{N},$$

also

$$\mathfrak{Im}\,w \gtrless 0, \qquad \mathfrak{Im}\,w^* > \frac{b}{N} > 0, \qquad w^* - w = \frac{z - \bar{z}}{N} = \frac{2ib}{N};$$

$$\varphi_{r,\varkappa}(w, w^*) = \sum_{h=-\infty}^{+\infty} e^{-2\pi i\varkappa h}\,(w^* + h)^{1-r}\,(w + h)^{-1}.$$

Dann wird

$$\Psi_{-r}(\tau, v, z, \Gamma) = N^{-r} \sum_{M \subset \mathfrak{S}} \big(v(M)\,(m_1\tau + m_2)^r\big)^{-1}\,\varphi_{r,\varkappa}(w, w^*).$$

Das übliche Vorgehen (Fourier-Entwicklung von $\varphi_{r,\varkappa}(w, w^*)$) liefert hier: Wenn $\mathfrak{Im}\,w > 0$:

$$\varphi_{r,\varkappa}(w, w^*) = -2\pi i \left(\frac{N}{z - \bar{z}}\right)^{r-1} \sum_{v+\varkappa > 0} e^{2\pi i\,(v+\varkappa)\,w} +$$
$$+ \sum_{v+\varkappa > 0} B_{-r,\,v+\varkappa}\left(\frac{z}{N}\right) e^{2\pi i\,(v+\varkappa)\,w};$$

wenn $\Im w < 0$:

$$\varphi_{r,\varkappa}(w, w^*) = 2\pi i \left(\frac{N}{z - \bar{z}}\right)^{r-1} \sum_{\nu+\varkappa \leqq 0} e^{2\pi i (\nu+\varkappa) w} +$$

$$+ \sum_{\nu+\varkappa > 0} B_{-r, \nu+\varkappa} \left(\frac{z}{N}\right) e^{2\pi i (\nu+\varkappa) w};$$

mit der Bedeutung

$$\left. \begin{aligned} B_{-r, \nu+\varkappa}(\tau) &= \int_{i\alpha-\infty}^{i\alpha+\infty} \frac{e^{-2\pi i (\nu+\varkappa) t}}{(\tau - \bar{\tau} + t)^{r-1} t} \, dt \\ &(-2y < \alpha < 0, \quad \nu \text{ ganz}, \quad \nu + \varkappa > 0). \end{aligned} \right\} \quad (5\,\mathrm{b}.\ 5)$$

Daraus folgt

$$H_{-r}(\tau, v, z, \Gamma) = (z - \bar{z})^{r-1} \Psi_{-r}(\tau, v, z, \Gamma) + K_{-r}(\tau, v, z, \Gamma), \quad (5\,\mathrm{b}.\ 6)$$

wo nun $K_{-r}(\tau, v, z, \Gamma)$ durch die wie eine Potenzreihe konvergente Entwicklung

$$\left. \begin{aligned} K_{-r}(\tau, v, z, \Gamma) &= -(z - \bar{z})^{r-1} \times \\ &\times \sum_{\nu+\varkappa > 0} B_{-r, \nu+\varkappa} \left(\frac{z}{N}\right) e^{-2\pi i (\nu+\varkappa) \frac{z}{N}} G_{-r}(\tau, v, \Gamma, \nu + \varkappa) \end{aligned} \right\} \quad (5\,\mathrm{b}.\ 7)$$

ersichtlich als ganze Spitzenform $\{\Gamma, -r, v)\}$ in der Variablen τ erklärt ist. Die für das Konvergenzverhalten dieser Reihe erforderliche Abschätzung von $B_{-r, \nu+\varkappa}\left(\frac{z}{N}\right)$ gewinnt man durch Umbiegen des Integrationsweges zu einer Schleife um den von $-\dfrac{2ib}{N}$ senkrecht nach unten führenden Schnitt in der t-Ebene; dadurch wird auch die einschränkende Bedingung $\Im w \neq 0$ gegenstandslos.

Mit Hilfe der metrischen Grundformeln[29]

$$\left(G_{-r}(\tau, v, \Gamma, \nu + \varkappa), \varphi(\tau) \right) = 2 N^r \frac{\Gamma(r - 1)}{(4\pi)^{r-1}} \bar{b}_{\nu+\varkappa}(\varphi) (\nu + \varkappa)^{1-r}$$

$$(\nu + \varkappa > 0),$$

in denen die $b_{\nu+\varkappa}(\varphi)$ durch die ganze Spitzenform

$$\varphi(\tau) = \sum_{n+\varkappa > 0} b_{n+\varkappa}(\varphi) \, e^{2\pi i (n+\varkappa) \frac{\tau}{N}} < \{\Gamma, -r, v\}$$

definiert sind, findet man nach 7. für das gesuchte Skalarprodukt

$$\left(H_{-r}(\tau, v, z, \Gamma), \varphi(\tau) \right) = -2 N^r \frac{\Gamma(r - 1)}{(4\pi)^{r-1}} (z - \bar{z})^{r-1} \times$$

$$\times \sum_{\nu+\varkappa > 0} \bar{b}_{\nu+\varkappa}(\varphi) (\nu + \varkappa)^{1-r} B_{-r, \nu+\varkappa} \left(\frac{z}{N}\right) e^{-2\pi i (\nu+\varkappa) \frac{z}{N}}.$$

---

[29] Siehe S. 51, Fußnote [25], S. 505.

Um diese Formel etwas übersichtlicher zu schreiben, ziehen wir den letzten Faktor in der Summe auf der rechten Seite unter das Integral (5 b. 5) und erhalten durch Einführung der neuen Variablen $w = Nt + z$:

$$\left(\varphi(\tau), H_{-r}(\tau, v, z, \Gamma)\right) = -2N^{2r-1}\frac{\Gamma(r-1)}{(4\pi)^{r-1}}(\bar{z}-z)^{r-1} \times$$
$$\times \int_{i\eta-\infty}^{i\eta+\infty} \Phi(w, \varphi)\frac{dw}{(w-z)^{r-1}(w-\bar{z})} \quad (0 < \eta < b), \qquad (5\,\text{b}.\,8)$$

wo allgemein für jede ganze Spitzenform $\varphi(\tau) < \{\Gamma, -r, v\}$:

$$\Phi(\tau, \varphi) = \sum_{\nu+\varkappa > 0} b_{\nu+\varkappa}(\varphi)(\nu+\varkappa)^{1-r} e^{2\pi i (\nu+\varkappa)\frac{\tau}{N}}$$

zu setzen ist. Diese Funktion $\Phi(\tau, \varphi)$ habe ich früher gelegentlich [30] als eine Integralform bezeichnet; sie zeigt anscheinend nur für ganzes r ein einfaches Verhalten gegenüber den Substitutionen von $\overline{\Gamma}$.

Die für die Beweise der Sätze 1, 3, 4, 6 grundlegende Eigenschaft der Funktion $H_{-r}(\tau, v, z, \Gamma)$, nach der

$$\Omega_{-r}(\tau, v, z; \Gamma, L) \equiv H_{-r}(\tau, v, Lz, \Gamma) +$$
$$- v'(L)(\gamma z + \delta)^{2-r} H_{-r}(\tau, v, z, \Gamma) \quad (\underline{L} = \{\gamma, \delta\}) \qquad (5\,\text{b}.\,9)$$

für jedes $L < \Gamma$ eine ganze Spitzenform $\{\Gamma, -r, v\}$ in der Variablen τ darstellt, findet ihre Aufklärung in dem folgenden Umstand: Bildet man die rechte Seite von (5 b. 9) mit

$$(z - \bar{z})^{r-1} \Psi_{-r}(\tau, v, z, \Gamma) \quad \text{an Stelle von } H_{-r}(\tau, v, z, \Gamma),$$

so ergibt sich Null, wie man durch Anwendung von 5. einsieht. Mithin gilt

$$\Omega_{-r}(\tau, v, z; \Gamma, L) =$$
$$= K_{-r}(\tau, v, Lz, \Gamma) - v'(L)(\gamma z + \delta)^{2-r} K_{-r}(\tau, v, z, \Gamma), \qquad (5\,\text{b}.\,10)$$

und in dieser Darstellung ist die genannte Eigenschaft von Ω_{-r} nach dem über K_{-r} bewiesenen evident.

Leider läßt weder der Ausdruck (5 b. 7) für K_{-r} noch die metrische Relation (5 b. 8) eine einfache Struktur erkennen. Für ganzes r

---

[30] PETERSSON, H.: Die linearen Relationen zwischen den ganzen POIN-CARÉschen Reihen von reeller Dimension zur Modulgruppe, Abh. Math. Sem. Hamburg Bd. 12 (1938) S. 415—472; siehe insbes. § 3.

kann man die Integrale $B_{-r,\,v+\varkappa}\left(\dfrac{z}{N}\right)$ nach dem Residuensatz aus-
werten, wodurch man auf

$$K_{-r}(\tau, v, z, \Gamma) = -2\pi i\, N^{r-1} \sum_{k=0}^{r-2} \frac{1}{k!} \left(\frac{2\pi(z-\bar z)}{iN}\right)^{k} \times$$
$$\times \sum_{v+\varkappa>0} (v+\varkappa)^{k}\, G_{-r}(\tau, v, \Gamma, v+\varkappa)\, e^{2\pi i\,(v+\varkappa)\frac{-\bar z}{N}} \tag{5 b. 11}$$

geführt wird. Auch dieser Ausdruck ist sehr unübersichtlich; bildet
man jedoch für ganzes $r \geq 3$ die Kombination Ω_{-r} der K_{-r}-Werte
auf der rechten Seite von (5 b. 10), so ergibt sich die — angesichts
von (5 b. 11) — höchst überraschende Tatsache, daß diese Kombination die Gestalt

$$\Omega_{-r}(\tau, v, z; \Gamma, L) = (\gamma z + \delta)^{2-r}\, P_{r-2}(z; \tau, v, \Gamma, L)$$

aufweist, wo P_{r-2} für jedes $L \subset \Gamma$ ein Polynom von einem Grade
$\leq r-2$ in z ist; die Koeffizienten dieses Polynoms sind für jedes L
aus Γ ganze Spitzenformen $\{\Gamma, -r, v\}$. In dem Ausdruck

$$\Omega_{-r}(\tau, v, z; \Gamma, L) = (\gamma z + \delta)^{2-r} \sum_{v=0}^{r-2} U_{-r,\,v,\,L}(\tau, v, \Gamma)\, z^{v} \quad (r \text{ ganz, } L \subset \Gamma)$$

stellt also jedes $U_{-r,\,v,\,L}(\tau, v, \Gamma)\,(0 \leq v \leq r-2)$ bei willkürlichem L
aus Γ eine von z unabhängige ganze Spitzenform $\{\Gamma, -r, v\}$ in der
Variablen τ dar.

Es scheint, daß dieser Satz ein Einzelphänomen in einem zu-
sammenhängenden System von Aussagen ist, das für die Theorie
der automorphen Formen von ganzzahliger Dimension eine ent-
scheidende Bedeutung hat. Wir werden den zitierten speziellen
Satz in dem nächsten Abschnitt beweisen; auf das genannte System
hoffe ich bei anderer Gelegenheit eingehen zu können.

5 c) *Die Ableitungen der automorphen Formen von ganzzahliger Dimension.*

Wie zuerst wohl G. Bol bemerkt hat [17], genügt die $(r-1)$-te
Ableitung einer automorphen Form $\{\Gamma, r-2, v'\}$ den Transformationsgleichungen der automorphen Formen $\{\Gamma, -r, v'\}$, wenn r eine
ganze Zahl ≥ 3 ist; dabei hat man zu beachten, daß v' wegen
$r-2 \equiv -r \bmod 2$ zugleich ein Multiplikatorsystem $[\Gamma, -r]$ darstellt. Wir wollen zunächst beweisen, daß die genannte Ableitung
wirklich alle Eigenschaften einer automorphen Form $\{\Gamma, -r, v'\}$

hat; dieser Beweis soll unter der Voraussetzung geführt werden, daß Γ eine beliebige Grenzkreisgruppe von erster Art, r eine ganze Zahl ≥ 2, v' ein Multiplikatorsystem $[\Gamma, -r]$ (nicht notwendig des Betrages 1) ist.

Hilfssatz 2. *Es sei* $S = \begin{pmatrix} a & b \\ c & d \end{pmatrix}$ *reell,* $|S| = 1$, $f(\tau)$ *in einer Umgebung des Punktes* $\tau = \tau_0$ *regulär-analytisch,* r *eine feste komplexe Zahl. Dann gilt in einer Umgebung des Punktes* $\tau = S^{-1}\tau_0$ *für alle ganzen* $m \geq 0$:

$$\frac{d^m}{d\tau^m}\{f(S\tau)(c\tau+d)^{-r}\} = \sum_{k=0}^{m} (-1)^k \binom{m}{k}(r+m-1) \times$$

$$\times (r+m-2)\ldots(r+m-k)\,c^k\,(c\tau+d)^{-r-2m+k}\,f^{(m-k)}(S\tau).$$

Beweis durch vollständige Induktion; zurücklaufende Produkte haben den Wert 1.

Ersetzt man in der Formel des Hilfssatzes 2: r durch $2-r$, so ergibt sich

$$\frac{d^m}{d\tau^m}\{f(S\tau)(c\tau+d)^{r-2}\} = \sum_{k=0}^{m} \binom{m}{k}(r-m-1)(r-m)\ldots\times$$

$$\times \ldots(r-m+k-2)\,c^k\,(c\tau+d)^{r-2m+k-2}\,f^{(m-k)}(S\tau).$$

Hieraus folgt

Hilfssatz 3. *Unter den Voraussetzungen des Hilfssatzes 2 über* S, f *gilt, wenn* r *eine ganze Zahl* ≥ 2 *ist:*

$$\frac{d^{r-1}}{d\tau^{r-1}}\{f(S\tau)(c\tau+d)^{r-2}\} = f^{(r-1)}(S\tau)(c\tau+d)^{-r}.$$

Hilfssatz 4. *Es sei in den Bezeichnungen zu Anfang dieses Abschnitts* $f(\tau)$ *eine automorphe Form* $\{\Gamma, r-2, v'\}$. *Dann gilt für alle* $L < \Gamma$

$$f^{(r-1)}(L\tau) = v'(L)(\gamma\tau+\delta)^r f^{(r-1)}(\tau) \quad (\tau < \mathfrak{H}, \underline{L} = \{\gamma, \delta\}).$$

Beweis. Folgt unmittelbar aus $f(L\tau)(\gamma\tau+\delta)^{r-2} = v'(L)f(\tau)$ und Hilfssatz 3.

Die Formel des Hilfssatzes 4 zeigt, daß die $(r-1)$-te Ableitung eines jeden $f < \{\Gamma, r-2, v'\}$ den Transformationsgleichungen der Formen $\{\Gamma, -r, v'\}$ genügt. Außerdem ist natürlich $f^{(r-1)}(\tau)$ in den in $\mathfrak{H}$ gelegenen Punkten eines regulären Fundamentalbereichs $\mathfrak{F}$ von Γ bis auf höchstens endlich viele Pole regulär. Zum Abschluß des Beweises unserer Behauptung haben wir also nur noch zu zeigen, daß $f^{(r-1)}(\tau)$ in den Spitzen von $\mathfrak{F}$ Entwicklungen von der für die Formen $\{\Gamma, -r, v'\}$ typischen Bauart zuläßt.

Sei ζ eine parabolische Spitze von Γ. Mit passendem reellem $A = \begin{pmatrix} a_0 & a_3 \\ a_1 & a_2 \end{pmatrix}$ der Determinante 1 gilt $\zeta = A^{-1}\infty$ und

$$f(\tau) = (a_1\tau + a_2)^{r-2} f_A(A\tau),$$

wo $\Im A\tau$ hinreichend groß,

$$f_A(\tau) = \sum_{m=m_0}^{\infty} b_{m+\varkappa'}(A, f)\, e^{2\pi i(m+\varkappa')\frac{\tau}{N}}$$

und N eine gewisse, durch Γ, A bestimmte positive, $\varkappa'$ eine gewisse, durch Γ, v, ζ bestimmte komplexe Zahl mit $0 \leq \Re\varkappa' < 1$ bezeichnet. Nach Hilfssatz 3 wird nun

$$f^{(r-1)}(\tau) = (a_1\tau + a_2)^{-r} f_A^{(r-1)}(A\tau),$$

$$f_A^{(r-1)}(\tau) = \sum_{m=m_0}^{\infty} \left(\frac{2\pi i(m+\varkappa')}{N}\right)^{r-1} b_{m+\varkappa'}(A, f)\, e^{2\pi i(m+\varkappa')\frac{\tau}{N}},$$

und von genau dieser Struktur sind die Entwicklungen der Formen $\{\Gamma, -r, v'\}$ in den Spitzen von Γ. Damit ist die Behauptung bewiesen:

Satz 8. *Es sei Γ eine Grenzkreisgruppe von erster Art, r eine ganze Zahl ≥ 2, v' ein Multiplikatorsystem $[\Gamma, -r]$, nicht notwendig vom Betrage 1, und $f(\tau)$ eine automorphe Form $\{\Gamma, r-2, v'\}$. Dann ist $f^{(r-1)}(\tau)$ eine automorphe Form $\{\Gamma, -r, v'\}$.*

Im Falle $r = 2$ gehört dieser Satz zum klassischen Bestande der Theorie.

Die nun folgenden Untersuchungen zielen darauf ab, diesen Satz in den wichtigsten Fällen $|v'| = 1$ wesentlich zu verschärfen. Es gilt nämlich in diesen Fällen, daß die in Satz 8 genannten $f^{(r-1)}$ sämtlich der Normalschar $\{\Gamma, -r, v'\}$ angehören. Wir werden diesen Sachverhalt aus der in den vorangehenden Paragraphen entwickelten Theorie der automorphen Formen $\{\Gamma, r-2, v'\}$ von der positiven Dimension $r-2$ ableiten und müssen deshalb wie in § 4 $r > 2$ sowie über Γ voraussetzen, daß Γ einen regulären Fundamentalbereich mit der einzigen Spitze ∞ besitzt, der dort die Breite 1 hat. Ich beabsichtige, an anderer Stelle zu zeigen, daß die in Rede stehende Aussage für beliebige Grenzkreisgruppen von erster Art zutrifft.

Der Beweis bedient sich natürlich der in § 4c vollzogenen Zerlegung der automorphen Formen $\{\Gamma, r-2, v'\}$ von z in ihre im allgemeinen nichtautomorphen „Grundelemente"

$$F_{r-2}(z, v', \Gamma, n + \varkappa), \qquad Y_{r-2}(\omega, v', z, \Gamma, v) \quad (\tau = \omega \text{ Fixpunkt}),$$

$$Y_{r-2}(\tau_0, v', z, \Gamma, v) \quad (\tau_0 \text{ nicht Fixpunkt}).$$

(In der Bezeichnung wurde der Deutlichkeit halber das Argument Γ hinzugefügt.)

Von ihnen wird gezeigt, daß ihre $(r-1)$-ten Ableitungen nicht nur bereits automorphe Formen $\{\Gamma, -r, v'\}$ darstellen, sondern sogar auch der Normalschar angehören. Dieses Ergebnis ist eine weitere, über die genannte hinausgehende Verschärfung von Satz 8; die Funktionen F_{r-2}, Y_{r-2} stehen damit in Analogie zu gewissen ABELschen Integralen, deren Theorie — auf der Grundlage der Uniformisierung und der zugehörigen Metrik — noch nicht vorliegt, aber demnächst in einem größeren Rahmen ausgeführt werden soll[31].

Vor Beginn der Beweisführung fixieren wir nochmals die Grundlagen in Gestalt der folgenden

Voraussetzungen (V). *Es sei Γ eine Grenzkreisgruppe von erster Art und beliebigem Geschlecht, aber mit der Eigenschaft, daß ein regulärer Fundamentalbereich $\mathfrak{F}$ von Γ mit der einzigen Spitze $\tau = \infty$ existiert, der dort die Breite 1 hat; r sei eine ganze Zahl ≥ 3 und v' ein Multiplikatorsystem $[\Gamma, -r]$ des Betrages 1.*

Wir schreiben (4c. 5) für $n + \varkappa > 0$, $h + \varkappa' > 0$ in der Gestalt

$$\left. \begin{aligned} a_{-r,\, n+\varkappa}(v, -h - \varkappa') &= 2\pi \left(\frac{n + \varkappa}{h + \varkappa'}\right)^{\frac{r-1}{2}} \sum_{\substack{m_1 \subset \mathfrak{T} \\ m_1 \neq 0}} e^{-\frac{\pi i}{2} r \operatorname{sgn} m_1} \frac{1}{|m_1|} \times \\ &\times W_{m_1}(n + \varkappa, v, -h - \varkappa')\, I_{r-1}\left(\frac{4\pi}{|m_1|} \sqrt{(n + \varkappa)(h + \varkappa')}\right), \\ W_{m_1}(n + \varkappa, v, -h - \varkappa') &= \\ &= \sum_{j,\, -j' \subset \mathfrak{R}_{m_1}} v\left(\begin{pmatrix} j' & * \\ m_1 & j \end{pmatrix}\right)^{-1} \exp\left(\frac{2\pi i}{m_1}\{(n + \varkappa)\, j - (h + \varkappa')\, j'\}\right). \end{aligned} \right\} \quad (5\,\text{c. } 1)$$

Ersetzt man in diesen Formeln m_1 durch $-m_1$ und beachtet, daß das entsprechende System (4c. 4) durch $Q^{-1} = \begin{pmatrix} j & * \\ -m_1 & j' \end{pmatrix}$ bestimmt werden kann, so gewinnt man eine neue Darstellung von

---

[31] Über einige Ergebnisse ist referiert in: H. PETERSSON, Elliptische Modulfunktionen und automorphe Funktionen. Fiat Review Bd. 1, S. 243 bis 275, siehe insbes. E.

$a_{-r,\,n+\varkappa}\,(v,\,-h-\varkappa')$ durch eine Formel, auf deren rechter Seite gegenüber (5c. 1) lediglich folgendes geändert ist: Es geht über

$$e^{-\frac{\pi i}{2}\,r\,\mathrm{sgn}\,m_1} \quad \text{in} \quad e^{+\frac{\pi i}{2}\,r\,\mathrm{sgn}\,m_1} = e^{-\frac{\pi i}{2}\,r\,\mathrm{sgn}\,m_1}\,(-1)^r,$$

$$W_{m_1}(n+\varkappa,\,v,\,-h-\varkappa') \quad \text{in} \quad W_{m_1}^{*}(n+\varkappa,\,v,\,-h-\varkappa') =$$

$$= \sum_{j,\,-j'\subset\Re_{m_1}} v\!\left(\!\begin{pmatrix} j & * \\ -m_1 & j' \end{pmatrix}\!\right)^{-1} \exp\left(\frac{2\pi i}{m_1}\{(h+\varkappa')\,j - (n+\varkappa)\,j'\}\right),$$

und diese letzte Summe hat, wie aus $v' = v^{-1}$ und $v(Q^{-1}) = v(Q)^{-1}$ hervorgeht, den Wert

$$W_{m_1}^{*}(n+\varkappa,\,v,\,-h-\varkappa') = W_{m_1}(h+\varkappa',\,v',\,-n-\varkappa).$$

Daher gilt die Reziprozitätsformel

$$\left.\begin{aligned} a_{-r,\,n+\varkappa}(v,\,-h-\varkappa')\,(h+\varkappa')^{r-1} &= \\ &= (-1)^r\,a_{-r,\,h+\varkappa'}(v',\,-n-\varkappa)\,(n+\varkappa)^{r-1}. \end{aligned}\right\} \quad (5\text{c. }2)$$

Nun folgt aus

$$F_{r-2}(\tau,\,v',\,\Gamma,\,n+\varkappa) = -2e^{-2\pi i(n+\varkappa)\tau} + \sum_{h=0}^{\infty} a_{-r,\,n+\varkappa}(v,\,-h-\varkappa')\,e^{2\pi i(h+\varkappa')\tau}$$

durch $(r-1)$-maliges Differenzieren nach τ vermöge (5c. 2):

$$F_{r-2}^{(r-1)}(\tau,\,v',\,\Gamma,\,n+\varkappa) = (-1)^r\,(2\pi i)^{r-1}\,(n+\varkappa)^{r-1}\,2e^{-2\pi i(n+\varkappa)\tau} +$$

$$+ (-1)^r\,(2\pi i)^{r-1}\,(n+\varkappa)^{r-1} \sum_{h+\varkappa'>0} a_{-r,\,h+\varkappa'}\,(v',\,-n-\varkappa)\,e^{2\pi i(h+\varkappa')\tau},$$

also nach § 5b, 7:

Satz 9. *Unter den oben formulierten Voraussetzungen* **(V)** *gilt*

$$\frac{d^{r-1}}{d\tau^{r-1}}\,F_{r-2}(\tau,\,v',\,\Gamma,\,n+\varkappa) = (-1)^r\big(2\pi i\,(n+\varkappa)\big)^{r-1}\,G_{-r}(\tau,\,v',\,\Gamma,\,-n-\varkappa).$$

Die $(r-1)$-te Ableitung auf der linken Seite ist also eine automorphe Form $\{\Gamma,\,-r,\,v'\}$ und gehört der Normalschar an.

Bevor wir die Funktionen Y_{r-2} untersuchen, müssen wir die Normalfunktionen $\{\Gamma,\,-r,\,v\}$ einführen, die sich bis auf einen einzelnen Pol höherer Ordnung (mit eingliedrigem Hauptteil) in $\mathfrak{H}$ und $\mathfrak{F}$ überall in $\mathfrak{F}$ wie ganze Spitzenformen verhalten. Die folgende kurze Erläuterung gilt für beliebige Γ von erster Art, reelle $r > 2$ und beliebige $v \subset [\Gamma,\,-r]$ mit $|v| = 1$.

Wir setzen für ganzes $q \geq 1$

$$\left.\begin{aligned} \Psi_{-r}(\tau,\,v,\,z,\,\Gamma,\,-q) &= \sum_{M\subset\Gamma} \left\{v(M)\,(m_1\tau+m_2)^r\,(M\tau-\bar z)^r\left(\frac{M\tau-z}{M\tau-\bar z}\right)^q\right\}^{-1} \\ &\qquad (\underline{M} = \{m_1,\,m_2\}). \end{aligned}\right\} \quad (5\text{c. }3)$$

Es sei $\mathfrak{F}$ ein regulärer Fundamentalbereich von Γ, der den Punkt z enthält. Die Funktion $\Psi_{-r}(\tau, v, z, \Gamma, -q)$ ist eine automorphe Form $\{\Gamma, -r, v\}$ in der Variablen τ, die sich überall in $\mathfrak{F}$ mit Ausnahme höchstens des Punktes $\tau = z$ wie eine ganze Spitzenform $\{\Gamma, -r, v\}$ verhält. Im Punkte $\tau = z$ hat sie einen Pol der Ordnung q, wenn z nicht Fixpunkt, und ebenso, wenn z ein elliptischer Fixpunkt ω der Ordnung l mit $a \equiv -q \bmod l$ ist. In diesen Fällen gestattet $\Psi_{-r}(\tau, v, z, \Gamma, -q)$ eine Entwicklung von der Gestalt (4c. 8) mit $\tau_0 = z$ und dem Hauptteil $(\tau - \bar{z})^{-r}\, 2l\, w_z(\tau)^{-q}$, wo $l = 1$, wenn z nicht Fixpunkt ist. Wenn hingegen z ein elliptischer Fixpunkt ω der Ordnung l mit $a \not\equiv -q \bmod l$ ist, so verschwindet

$$\Psi_{-r}(\tau, v, z, \Gamma, -q)$$

identisch in τ. Analog zu § 5 b, 5 gilt für alle $L \subset \Gamma$

$$\Psi_{-r}(\tau, v, Lz, \Gamma, -q) =$$
$$= v'(L)\,(\gamma\bar{z} + \delta)^{r-q}\,(\gamma z + \delta)^{q}\,\Psi_{-r}(\tau, v, z, \Gamma, -q)\ \big(\underline{L} = \{\gamma, \delta\}\big).$$

Das Skalarprodukt $\big(\Psi_{-r}(\tau, v, z, \Gamma, -q), \varphi(\tau)\big)$ der Funktion (5c. 3) mit der ganzen Spitzenform $\varphi(\tau)$ der Klasse $\{\Gamma, -r, v\}$ ist als Cauchyscher Hauptwert in dem folgenden Sinne zu verstehen: Man stanze aus $\mathfrak{F}$ einen nichteuklidischen Kreis $\mathfrak{k}_\varrho$ um den Punkt $\tau = z$ als nichteuklidischem Mittelpunkt und mit dem nichteuklidischen Radius ϱ heraus; es gelte $0 < \varrho < \varrho_0$ für ein passendes $\varrho_0 > 0$. Wenn z nicht Fixpunkt ist, kann und soll durch Wahl von ϱ_0 bewirkt werden, daß $\mathfrak{k}_\varrho$ im Innern von $\mathfrak{F}$ liegt; die Forderung, daß z im Innern von $\mathfrak{F}$ liegt, werde vorher erfüllt. Ist hingegen $z = \omega$ elliptischer Fixpunkt der Ordnung l von Γ und daher (als Ecke) auf dem Rande von $\mathfrak{F}$ gelegen, so werde der Durchschnitt von $\mathfrak{k}_\varrho$ und $\mathfrak{F}$, also bei hinreichend kleinem ϱ_0 ein nichteuklidischer Winkelraum der Öffnung $\dfrac{2\pi}{l}$ aus $\mathfrak{F}$ herausgestanzt. Offenbar existiert das Integral (5b. 4) mit

$$F(\tau) = \Psi_{-r}(\tau, v, z, \Gamma, -q) \quad \text{und} \quad \mathfrak{F} - (\mathfrak{k}_\varrho \wedge \mathfrak{F}) \quad \text{an Stelle von } \mathfrak{F};$$

es hat überdies einen Grenzwert für $\varrho \to 0$, den wir mit

$$\big(\Psi_{-r}(\tau, v, z, \Gamma, -q), \varphi(\tau)\big)$$

bezeichnen. Nun kann bewiesen werden, daß dieser Grenzwert für alle ganzen Spitzenformen $\varphi(\tau) \subset \{\Gamma, -r, v\}$ verschwindet; dies besagt dann die (jetzt vollständig erklärte) Zugehörigkeit der Funktion (5c. 3) zur Normalschar $\{\Gamma, -r, v\}$. Die Funktion ist dadurch und durch ihre Hauptteile in $\mathfrak{F}$ eindeutig bestimmt.

Wir betrachten unter den Voraussetzungen (V) für irgendein festes τ_0 in $\mathfrak{H}$ die Funktionen

$$Y_{r-2}(\tau_0, v', z, \Gamma, \nu) = \frac{1}{(\nu-1)!} \frac{\partial^{\nu-1}}{\partial t^{\nu-1}} \left\{ (\tau - \bar{\tau}_0)^r H_{-r}(\tau, v, z, \Gamma) \right\}_{\tau = \tau_0}$$

$$(t = w_{\tau_0}(\tau), \nu \geq 1),$$

deren $(r-1)$-te Ableitungen nach z bestimmt werden sollen. Es ist

$$\left.\begin{aligned}
\frac{(-1)^r}{(r-1)!} \frac{\partial^{r-1}}{\partial z^{r-1}} Y_{r-2}(\tau_0, v', z, \Gamma, \nu) &= \\
= \frac{1}{(\nu-1)!} \frac{\partial^{\nu-1}}{\partial t^{\nu-1}} &\left\{ (\tau - \bar{\tau}_0)^r \frac{(-1)^r}{(r-1)!} \frac{\partial^{r-1}}{\partial z^{r-1}} H_{-r}(\tau, v, z, \Gamma) \right\}_{\tau = \tau_0},
\end{aligned}\right\} \quad (5\,\text{c. }4)$$

und wir untersuchen daher zunächst $\dfrac{(-1)^r}{(r-1)!} \dfrac{\partial^{r-1}}{\partial z^{r-1}} H_{-r}(\tau, v, z, \Gamma)$. Für

$$\alpha_0 + \varepsilon \leq y \leq \alpha_1, \quad b = \mathfrak{Im}\, z \geq \max\left(\alpha_1, \frac{1}{\vartheta^2 \alpha_0}\right) + \varepsilon \quad (\alpha_0 > 0,\ \varepsilon > 0)$$

kann die Reihe

$$H_{-r}(\tau, v, z, \Gamma) = 2\pi i \sum_{h=0}^{\infty} G_{-r}(\tau, v, \Gamma, -h - \varkappa') e^{2\pi i (h + \varkappa') z} \quad (3\,\text{a. }7)$$

gliedweise nach z differenziert werden. Dies gibt nach Einsetzen der Reihendarstellung (2b. 1) von G_{-r} und mit Rücksicht auf die wegen

$$\mathfrak{Im}\,(z - M\tau) \geq \varepsilon > 0$$

zulässige Vertauschung der beiden Summationen:

$$\frac{\partial^{r-1}}{\partial z^{r-1}} H_{-r}(\tau, v, z, \Gamma) = \sum_{M \subset \mathfrak{S}} \frac{1}{v(M)(m_1 \tau + m_2)^r} (2\pi i)^r \times$$

$$\times \sum_{h + \varkappa' > 0} (h + \varkappa')^{r-1} e^{2\pi i (h + \varkappa')(z - M\tau)},$$

$$\frac{(-1)^r}{(r-1)!} \frac{\partial^{r-1}}{\partial z^{r-1}} H_{-r}(\tau, v, z, \Gamma) = \sum_{M \subset \mathfrak{S}} \frac{1}{v(M)(m_1 \tau + m_2)^r} \sum_{g=-\infty}^{+\infty} \frac{e^{-2\pi i g \varkappa'}}{(z - M\tau + g)^r}$$

$$= \sum_{M \subset \Gamma} \frac{1}{v(M)(m_1 \tau + m_2)^r (z - M\tau)^r};$$

bei diesen Umformungen sind $\varkappa' \equiv -\varkappa \bmod 1$, eine LIPSCHITZsche Formel und die symbolische Zerlegung $\Gamma = \sum\limits_{g=-\infty}^{+\infty} U^{-g}\,\mathfrak{S}$ angewendet worden. Die Identität

$$(\gamma \tau + \delta)(z - L\tau) = (-\gamma z + \alpha)(L^{-1} z - \tau) \quad \left(L = \begin{pmatrix} \alpha & \beta \\ \gamma & \delta \end{pmatrix} \subset \Gamma\right)$$

führt schließlich zu der Darstellung

$$\frac{(-1)^r}{(r-1)!}\,\frac{\partial^{r-1}}{\partial z^{r-1}}\,H_{-r}(\tau,v,z,\Gamma)=\Psi_{-r}(z,v',\tau,\Gamma,-r);\qquad (5c.\,5)$$

die $(r-1)$-te Ableitung von $H_{-r}(\tau,v,z,\Gamma)$ nach z ist also (bei festem τ als Funktion von z) eine automorphe Form $\{\Gamma,-r,v'\}$, die überdies der Normalschar angehört.

Bei der Untersuchung der Funktion (5c. 4) legen wir die Annahme zugrunde, daß $\tau_0=\omega$ ein elliptischer Fixpunkt der Ordnung l von Γ sei; E und a haben die Bedeutung von § 2a. In die folgenden Entwicklungen läßt sich der Fall $\tau_0=$ Nicht-Fixpunkt durch $l=1$, $a=0$, $E=-I$ formal einbeziehen.

Für jedes M in Γ setzen wir $M^{(j)}=E^j M$, $\underline{M}^{(j)}=\{m_1^{(j)},m_2^{(j)}\}$; außerdem sei $\underline{E}^j=\{e_1^{(j)},e_2^{(j)}\}$ $(0\le j\le 2l-1)$. Wegen

$$v'(E^j)\,(e_1^{(j)}Mz+e_2^{(j)})^r\,v'(M)\,(m_1z+m_2)^r=v'(M^{(j)})\,(m_1^{(j)}z+m_2^{(j)})^r$$

wird

$$\sum_{j=0}^{2l-1}\{v'(M^{(j)})\,(m_1^{(j)}z+m_2^{(j)})^r\,(M^{(j)}z-\tau)^r\}^{-1}=$$

$$=\frac{2(\tau-\overline{\omega})^{-r}}{v'(M)\,(m_1z+m_2)^r}\,\mathsf{P}_{-r}(Mz,\tau,\omega)$$

mit

$$\mathsf{P}_{-r}(s,\tau,\omega)=(\tau-\overline{\omega})^r\sum_{j=0}^{l-1}\{v'(E^j)\,(e_1^{(j)}s+e_2^{(j)})^r\,(E^js-\tau)^r\}^{-1}\qquad (s<\mathfrak{H}).$$

Es sei Γ_ω^* ein volles System von Matrizen M aus Γ, die sich nicht um einen linken Faktor $E^j\,(0\le j\le 2l-1)$ unterscheiden. Aus (5c. 5) folgt

$$(\tau-\overline{\omega})^r\,\frac{(-1)^r}{(r-1)!}\,\frac{\partial^{r-1}}{\partial z^{r-1}}\,H_{-r}(\tau,v,z,\Gamma)=2\sum_{M<\Gamma_\omega^*}\frac{\mathsf{P}_{-r}(Mz,\tau,\omega)}{v'(M)\,(m_1z+m_2)^r}\,,$$

$$\left.\begin{aligned}&\frac{(-1)^r}{(r-1)!}\,\frac{\partial^{r-1}}{\partial z^{r-1}}\,Y_{r-2}(\omega,v',z,\Gamma,v)=\\[4pt]&=2\sum_{M<\Gamma_\omega^*}\frac{1}{v'(M)\,(m_1z+m_2)^r}\,\frac{1}{(\nu-1)!}\,\frac{\partial^{\nu-1}}{\partial t^{\nu-1}}\,\mathsf{P}_{-r}(Mz,\tau,\omega)\Big]_{\tau=\omega},\end{aligned}\right\}\quad(5c.\,6)$$

wo $t=w_\omega(\tau)=K\tau$, $K=\dfrac{1}{\sqrt{\omega-\overline{\omega}}}\begin{pmatrix}1&-\omega\\1&-\overline{\omega}\end{pmatrix}$. Eine Rechnung von der Art, wie sie beim Beweise von Hilfssatz 1 durchgeführt wurde, gibt hier mit $u=\dfrac{s-\omega}{s-\overline{\omega}}=Ks$, $\varepsilon=\exp\dfrac{2\pi i}{l}$:

$$\mathsf{P}_{-r}(s,\tau,\omega)=\left(\frac{\omega-\overline{\omega}}{s-\overline{\omega}}\right)^r\sum_{j\,\mathrm{mod}\,l}\frac{\varepsilon^{aj}}{(u-\varepsilon^{-j}t)^r}=\left(\frac{1-u}{u}\right)^r\sum_{j\,\mathrm{mod}\,l}\varepsilon^{aj}\left(1-\varepsilon^{-j}\frac{t}{u}\right)^{-r},$$

$$(u\neq 0),$$

also

$$\frac{1}{(v-1)!}\frac{\partial^{v-1}}{\partial t^{v-1}}\,\mathsf{P}_{-r}(s,\tau,\omega)\Big]_{t=0}=\delta\Big(\frac{v-1-a}{l}\Big)l\binom{v+r-2}{r-1}(1-u)^r\,u^{-r-v+1}$$

und demgemäß nach (5c. 6) die Formel

$$\left.\begin{aligned}
\frac{(-1)^r}{(r-1)!}\,\frac{\partial^{r-1}}{\partial z^{r-1}}\,Y_{r-2}(\omega,v',z,\Gamma,v)=\\
=\delta\Big(\frac{v-1-a}{l}\Big)2l\binom{v+r-2}{r-1}(\omega-\overline{\omega})^r\times\\
\times\sum_{M<\Gamma_\omega^*}\Big\{v'(M)(m_1z+m_2)^r(Mz-\overline{\omega})^r\Big(\frac{Mz-\omega}{Mz-\overline{\omega}}\Big)^{r+r-1}\Big\}^{-1},
\end{aligned}\right\}\quad(5c.\,7)$$

in der wie üblich $\delta(x)=\begin{cases}1,\text{ wenn }x\text{ ganz}\\0\text{ sonst.}\end{cases}$

Nun wird in der Theorie der Funktionen (5c. 3) Ψ_{-r} durch eine der oben benutzten Umformungen gezeigt, daß die Glieder der Reihe (5c. 3), welche für ein gegebenes M mit den Matrizen $E^j M\,(0\le j\le 2l-1)$ gebildet sind, sich dann und nur dann in der Summe gegenseitig aufheben, wenn $a\not\equiv -q\bmod l$; daß sie hingegen alle den gleichen von Null verschiedenen Wert haben, wenn $a\equiv -q\bmod l$. Im vorliegenden Falle ist v' als Multiplikatorsystem $[\Gamma,-r]$ aufzufassen, und daher gilt nach (2a. 17)

$$v'(E)=e^{-\frac{\pi i}{l}r-2\pi i\frac{a}{l}}=e^{\frac{\pi i}{l}r+2\pi i\frac{a''}{l}}$$

mit einem ganzen

$$a''\equiv -r-a\bmod l\quad(0\le a''\le l-1);$$

folglich trifft $a''\equiv -r-a\equiv -r-v+1\bmod l$ genau dann zu, wenn $\delta\Big(\frac{v-1-a}{l}\Big)=1$. Nun tritt a'' an die Stelle des oben genannten a der allgemeinen Terminologie; deshalb ergibt sich in (5c. 7) für $2l\sum\limits_{M<\Gamma_\omega^*}$ gerade die automorphe Form $\Psi_{-r}(z,v',\omega,\Gamma,-r-v+1)$, wenn $v-1\equiv a\bmod l$, und man gewinnt die abschließende Behauptung in dem folgenden

Satz 10. *(Gilt unter den Voraussetzungen* **(V.)***) Es sei τ_0 ein beliebiger Punkt in $\mathfrak{H}$. Dann besteht für jedes ganze $v\ge 1$ in der Bezeichnung* (5c. 3) *die Ableitungsgleichung*

$$\frac{\partial^{r-1}}{\partial z^{r-1}}\,Y_{r-2}(\tau_0,v',z,\Gamma,v)=(-1)^r\,v(v+1)\ldots(v+r-2)\times$$
$$\times(\tau_0-\overline{\tau}_0)^r\,\Psi_{-r}(z,v',\tau_0,\Gamma,-r-v+1).$$

Die $(r-1)$-te Ableitung auf der linken Seite ist also als Funktion von z eine automorphe Form $\{\Gamma, -r, v'\}$ und gehört überdies der Normalschar an.

Zum Abschluß der vorliegenden Untersuchung beweisen wir den am Ende von § 5b formulierten Sachverhalt, wobei wir jetzt einschränkend die Voraussetzungen **(V)** zugrunde legen. Wir bilden gemäß (5b. 9, 10)

$$\left. \begin{aligned} (\gamma z + \delta)^{r-2}\,\Omega_{-r}(\tau, v, z; \Gamma, L) &= \\ = (\gamma z + \delta)^{r-2} K_{-r}(\tau, v, Lz, \Gamma) &- v'(L)\,K_{-r}(\tau, v, z, \Gamma) \\ = (\gamma z + \delta)^{r-2} H_{-r}(\tau, v, Lz, \Gamma) &- v'(L)\,H_{-r}(\tau, v, z, \Gamma) \end{aligned} \right\} \quad (5c.\,8)$$

und differenzieren die rechte Seite der letzten Gleichung $(r-1)$-mal nach z. Dann ergibt sich in der Bezeichnung

$$\frac{\partial^m}{\partial z^m} H_{-r}(\tau, v, z, \Gamma) = H_{-r}^{[m]}(\tau, v, z, \Gamma) \quad (m \geq 0)$$

nach (5c. 5):

$$H_{-r}^{[r-1]}(\tau, v, z, \Gamma) = (-1)^r (r-1)!\,\Psi_{-r}(z, v', \tau, \Gamma, -r) \subset \{\Gamma, -r, v'\} \;(\text{in } z),$$

mithin nach Hilfssatz 3

$$\frac{\partial^{r-1}}{\partial z^{r-1}} \{ (\gamma z + \delta)^{r-2}\,\Omega_{-r}(\tau, v, z; \Gamma, L) \} = 0.$$

Also ist tatsächlich $(\gamma z + \delta)^{r-2}\,\Omega_{-r}(\tau, v, z; \Gamma, L)$ für jedes $L \subset \Gamma$ ein Polynom in z: Es gilt

$$\Omega_{-r}(\tau, v, z; \Gamma, L) = (\gamma z + \delta)^{2-r} \sum_{k=0}^{r-2} U_{-r, k, L}(\tau, v, \Gamma)\, z^k, \quad (5c.\,9)$$

wo $U_{-r, k, L}(\tau, v, \Gamma)$ von z nicht abhängt. Da aber, wie in der hier entwickelten Theorie an entscheidender Stelle benutzt wurde und aus der ersten Gleichung (5c. 8) erneut abgelesen werden kann, $\Omega_{-r}(\tau, v, z; \Gamma, L)$ für jedes L und jedes z $(L \subset \Gamma,\, z \subset \mathfrak{H})$ eine ganze Spitzenform $\{\Gamma, -r, v\}$ in der Variablen τ darstellt, sind die sämtlichen Koeffizienten

$$U_{-r, k, L}(\tau, v, \Gamma) \quad (0 \leq k \leq r - 2,\, k \text{ ganz},\, L \subset \Gamma) \quad (5c.\,10)$$

ganze Spitzenformen $\{\Gamma, -r, v\}$ in der Variablen τ.

Wir fassen diese Ergebnisse wie folgt zusammen:

Satz 11. *Bildet man unter den Voraussetzungen* **(V)** *(also insbesondere für ganzes $r \geq 3$) die beiden Seiten der Invarianzrelation, der die automorphen Formen $\{\Gamma, r-2, v'\}$ genügen, für $H_{-r}(\tau, v, z, \Gamma)$ und die Substitution $L = \begin{pmatrix} \alpha & \beta \\ \gamma & \delta \end{pmatrix}$ in der Variablen z, so ist die*

Differenz der beiden Seiten eine rationale Funktion von z mit dem Nenner $(\gamma z + \delta)^{r-2}$ und einem Polynom vom Grade $\leq r - 2$ als Zähler:

$$H_{-r}(\tau, v, Lz, \Gamma) - v'(L)(\gamma z + \delta)^{2-r} H_{-r}(\tau, v, z, \Gamma) =$$
$$= (\gamma z + \delta)^{2-r} \sum_{k=0}^{r-2} U_{-r, k, L}(\tau, v, \Gamma) z^k.$$

Alle seine Koeffizienten (5 c. 10) sind von z unabhängige ganze Spitzenformen in der Variablen τ. Die analogen Beziehungen gelten für die Funktionen

$$F_{r-2}(z, v', \Gamma, n + \varkappa) \quad und \quad Y_{r-2}(\tau_0, v', z, \Gamma, \nu) \quad (n + \varkappa > 0, \ \nu \geq 1)$$

von z, wobei die entsprechenden Zählerpolynome ebenfalls einen Grad $\leq r - 2$, aber konstante Koeffizienten haben. Im einzelnen erhält man

$$\left. \begin{aligned} &F_{r-2}(Lz, v', \Gamma, n + \varkappa) - v'(L)(\gamma z + \delta)^{2-r} F_{r-2}(z, v', \Gamma, n + \varkappa) \\ &\qquad = (\gamma z + \delta)^{2-r} \sum_{k=0}^{r-2} \frac{1}{2\pi i} b_{n+\varkappa}(U_{-r, k, L}) z^k, \\ &Y_{r-2}(\tau_0, v', Lz, \Gamma, \nu) - v'(L)(\gamma z + \delta)^{2-r} Y_{r-2}(\tau_0, v', z, \Gamma, \nu) \\ &\qquad = (\gamma z + \delta)^{2-r} \sum_{k=0}^{r-2} b_{\nu-1}(\tau_0, U_{-r, k, L}) z^k. \end{aligned} \right\} \quad (5\text{c. } 11)$$

Die hier auftretenden Koeffizienten

$$b_{n+\varkappa}(U_{-r, k, L})(n + \varkappa > 0), \quad b_{\nu-1}(\tau_0, U_{-r, k, L}) \quad (\nu \geq 1)$$

bestimmen sich aus der FOURIER-*Entwicklung und der Entwicklung (4c. 8) der ganzen Spitzenformen $U_{-r, k, L}$; τ_0 bezeichnet einen beliebigen Punkt in $\mathfrak{H}$ (Fixpunkt oder nicht).*

5d) *Lineare Relationen zwischen* POINCARÉ*schen Reihen.*

In einer älteren Abhandlung habe ich bewiesen[32], daß sich aus der Menge der Funktionen $\Omega_{-r}(\tau, v, z; \Gamma, L)(z \subset \mathfrak{H}, L \subset \Gamma)$ eine Basis der Schar $\mathfrak{C}_r^+$ der ganzen Spitzenformen $\{\Gamma, -r, v\}$ (in der Variablen τ) herausgreifen läßt. Dort handelte es sich um allgemeine Formenklassen $\{\Gamma, -r, v\}$, in denen Γ von erster Art, r reell > 2, $v \subset [\Gamma, -r]$, $|v| \equiv 1$ vorausgesetzt worden war. Dieser Satz läßt sich für die Gruppen Γ, die hier in § 4 betrachtet wurden (vgl. 5c **(V)** bezüglich Γ), leicht aus dem Hauptergebnis Satz 4 und der zugehörigen Formel (4b. 8) ableiten, wie zunächst gezeigt werde; dabei bedienen wir uns lediglich der Verallgemeinerung von Satz 1 auf die automorphen Formen zu den genannten Gruppen Γ.

---

[32] Siehe S. 8, Fußnote [15], § 5.

Es sei also $r > 2$ reell, $v < [\Gamma, -r]$, $|v| \equiv 1$; der lineare Rang μ der Schar $\mathfrak{C}_r^+$ der ganzen Spitzenformen $\{\Gamma, -r, v\}$ verschwinde nicht. Aus allgemeinen Überlegungen einfachster Art ergibt sich die Existenz eines Systems von μ Nichtfixpunkten c_ν ($\nu = 1, 2, \ldots, \mu$) im Innern des regulären Fundamentalbereichs $\mathfrak{F}$ von Γ derart, daß

$$\varphi_j(c_k) \big| \neq 0 \, (j, k = 1, 2, \ldots, \mu) \quad \text{für irgendeine Basis } \varphi_j(\tau) \text{ von } \mathfrak{C}_r^+.$$

Bildet man nach § 3b die Linearkombination

$$\Lambda\big(z, (\varrho')\big) = \sum_{\nu=1}^{\mu} \varrho'_\nu H_{-r}(c_\nu, v, z, \Gamma),$$

so stellt diese dann und nur dann eine automorphe Form $\{\Gamma, r - 2, v'\}$ dar, wenn entsprechend (3b. 6) für alle z in $\mathfrak{H}$ und alle L in Γ

$$\sum_{\nu=1}^{\mu} \varrho'_\nu \Omega_{-r}(c_\nu, v, z; \Gamma, L) = 0 \qquad (5\,\mathrm{d}.\ 1)$$

ist.

Es sei nun s die Maximalzahl linear unabhängiger unter den sämtlichen $\Omega_{-r}(\tau, v, z; \Gamma, L)\,(z < \mathfrak{H}, L < \Gamma)$, diese als Funktionen von τ verstanden; offenbar ist $s \leq \mu$. Wählt man s linear unabhängige

$$\psi_h(\tau) = \Omega_{-r}(\tau, v, z_h; \Gamma, L_h) \quad (1 \leq h \leq s, z_h < \mathfrak{H}, L_h < \Gamma)$$

irgendwie aus, so bedeutet (5d. 1), daß

$$\sum_{\nu=1}^{\mu} \varrho'_\nu \psi_h(c_\nu) = 0 \quad (1 \leq h \leq s)$$

zutrifft, und dieses Gleichungssystem besitzt im Falle $s < \mu$ nicht-triviale Lösungen $\varrho'_\nu\,(1 \leq \nu \leq s)$. Aus $s < \mu$ folgt also die Existenz einer automorphen Form $\Lambda\big(z, (\varrho')\big) < \{\Gamma, r - 2, v'\}$, die in $\mathfrak{F}$ außerhalb der c_ν überall regulär ist, in mindestens einem der c_ν aber einen Pol hat. Das widerspricht der Residuenbedingung (2b. 18)

$$\sum_{\nu=1}^{\mu} \varrho'_\nu \varphi_j(c_\nu) = 0 \quad (1 \leq j \leq \mu);$$

denn danach sind alle $\varrho'_\nu = 0\,(1 \leq \nu \leq \mu)$.

Der nunmehr bewiesene Satz ($s = \mu$) läßt sich wegen

$$\left. \begin{aligned} \Omega_{-r}(\tau, v, L'z; \Gamma, L) &= \Omega_{-r}(\tau, v, z; \Gamma, LL') + \\ &- v'(L)(\gamma L'z + \delta)^{2-r} \Omega_{-r}(\tau, v, z; \Gamma, L')\,(L, L' < \Gamma) \end{aligned} \right\} \quad (5\,\mathrm{d}.\ 2)$$

dahin verschärfen, daß bereits passend gewählte

$$\Omega_{-r}(\tau, v, z_h; \Gamma, L_h) \qquad (1 \leq h \leq \mu, \; L_h < \Gamma, \; z_h < \mathfrak{F})$$

eine Basis von $\mathfrak{C}_r^+$ bilden.

Aus der Relation $s = \mu$ kann auch leicht erschlossen werden, daß die automorphe Form $H_{-r}(\tau, v, z, \Gamma)$ als Funktion von τ nicht immer eine Orthogonalfunktion ihrer Klasse $\{\Gamma, -r, v\}$ ist. Wir setzen voraus, daß der Rang μ der Schar $\mathfrak{C}_r^+$ nicht verschwindet. Wenn die Form $H_{-r}(\tau, v, z, \Gamma)$ für irgendein festes z in $\mathfrak{H}$ auf der vollen Schar $\mathfrak{C}_r^+$ senkrecht steht, so muß sie nach § 5b, 7 bis auf einen nur von z abhängigen Faktor mit $\Psi_{-r}(\tau, v, z, \Gamma)$ übereinstimmen. Unter Berücksichtigung von (2b.11) und § 5b, 3, 4 findet man [vgl. (5b. 6)]

$$H_{-r}(\tau, v, z, \Gamma) = (z - \bar{z})^{r-1} \Psi_{-r}(\tau, v, z, \Gamma);$$

nach (5b. 6) verschwindet also $K_{-r}(\tau, v, z, \Gamma)$ für den genannten Wert von z identisch in τ. Dies kann aber wegen (5b. 10) und $s = \mu$ offenbar nicht für alle z in $\mathfrak{H}$ stattfinden.

Aus der Theorie der ganzen Spitzenformen $\{\Gamma, -r, v\}$ ist bekannt, daß die linearen Relationen zwischen den POINCARÉschen Reihen, die nach einem bestimmten Konstruktionsprinzip[33] den einzelnen Punkten des Fundamentalbereichs $\mathfrak{F}$ von Γ zugeordnet sind, mit dem WEIERSTRASSschen Charakter dieser Punkte zusammenhängen; die dabei auftretenden Lücken in den Polordnungen betreffen die Formen $\{\Gamma, r-2, v'\}$[34]. Auf Grund der Hauptsätze der vorliegenden Theorie läßt sich, wie noch kurz gezeigt werden soll, dieser und ein allgemeiner Zusammenhang, der früher durch abzählende Betrachtungen mit Hilfe des RIEMANN-ROCHschen Satzes hergestellt wurde, explizit realisieren.

Wir untersuchen eingehender nur die der Spitze ∞ zugeordneten Funktionen (5b. 1) $G_{-r}(\tau, v, \Gamma, v + \varkappa)\,(v + \varkappa > 0)$, aus denen sich, wie man weiß[35], auf unendlich viele Weisen eine Basis der Schar $\mathfrak{C}_r^+$ herausgreifen läßt. Besteht zwischen ihnen eine lineare Relation

$$\sum_{0 < n+\varkappa \leq m_0+\varkappa} \bar{\beta}_{n+\varkappa} G_{-r}(\tau, v, \Gamma, n + \varkappa) = 0 \qquad (5\text{d. }3)$$

---

[33] Siehe S. 62, Fußnote [28], u. H. PETERSSON: Über Weierstrasspunkte und die expliziten Darstellungen der automorphen Formen von reeller Dimension. Math. Z. Bd. 52 (1949) S. 32—59.

[34] Siehe S. 51, 79, Fußnote [25], [33].

[35] Siehe S. 51, 62, Fußnote [25], [28], u. H. PETERSSON: Ein Summationsverfahren für die POINCARÉschen Reihen von der Dimension -2 zu den hyperbolischen Fixpunktepaaren. Math. Z. Bd. 49 (1943) S. 441—496; siehe insbes. § 5.

mit konstanten Koeffizienten $\bar{\beta}_{n+\varkappa}$, so ergibt sich vermöge der metrischen Grundformel[29]:

$$\sum_{0<n+\varkappa\leq m_0+\varkappa} \beta_{n+\varkappa}(n+\varkappa)^{1-r}b_{n+\varkappa}(\varphi) = 0 \quad \text{(für jede Form } \varphi < \mathfrak{C}_r^+), \quad (5\,\mathrm{d.}\,4)$$

und umgekehrt folgt $(5\,\mathrm{d.}\,3)$ aus $(5\,\mathrm{d.}\,4)$. Andrerseits besagt $(5\,\mathrm{d.}\,4)$, daß

$$\varLambda^*\big(\tau,(\beta)\big) = \sum_{0<n+\varkappa\leq m_0+\varkappa} \left(-\tfrac{1}{2}\right)\beta_{n+\varkappa}(n+\varkappa)^{1-r}F_{r-2}(\tau,v',\Gamma,n+\varkappa) \quad (5\,\mathrm{d.}\,5)$$

eine in $\mathfrak{H}$ reguläre automorphe Form $\{\Gamma, r-2, v'\}$ darstellt, die im Unendlichen den Hauptteil

$$\sum_{0<n+\varkappa\leq m_0+\varkappa} \beta_{n+\varkappa}(n+\varkappa)^{1-r}e^{-2\pi i(n+\varkappa)\tau} \quad (5\,\mathrm{d.}\,6)$$

besitzt; umgekehrt folgt $(5\,\mathrm{d.}\,4)$ aus der Existenz einer solchen Form. Daher ist diese Existenzaussage mit $(5\,\mathrm{d.}\,3)$ gleichbedeutend.

Diese Äquivalenz drückt unter anderem den fraglichen Zusammenhang vollständig und explizit aus. Man sieht nämlich etwa, indem man die Folge der $G_{-r}(\tau, v, \Gamma, n+\varkappa)$ $(n+\varkappa > 0)$ mit wachsendem n durchläuft, daß genau dann

$G_{-r}(\tau, v, \Gamma, m_0+\varkappa)$ von den $G_{-r}(\tau, v, \Gamma, n+\varkappa)$ $(0<n+\varkappa<m_0+\varkappa)$ linear abhängt, wenn $\beta_{m_0+\varkappa} \neq 0$ ist, d.h. wenn eine in $\mathfrak{H}$ reguläre Form $\{\Gamma, r-2, v'\}$ existiert, die im Unendlichen einen Pol der Ordnung $m_0+\varkappa$ hat.

Der entsprechende Sachverhalt verbindet die linearen Relationen zwischen den Funktionen[28]

$$\varPhi_{-r}(\tau, v, -\bar{\tau}_0, \Gamma, m) \qquad (\tau_0 < \mathfrak{H} \wedge \mathfrak{F}, m \geq 0 \text{ ganz})$$

mit den Polordnungen der außerhalb von τ_0 auf $\mathfrak{F}$ regulären Formen $\{\Gamma, r-2, v'\}$, die sich dann aus den $Y_{r-2}(\tau_0, v, \tau, \Gamma, m)$ linear kombinieren lassen. Der Beweis ist nach dem obigen Schema zu führen.

Weiter reichende Verallgemeinerungen dieser Zusammenhänge können in der Ausdrucksweise der Divisorentheorie[36] formuliert und bewiesen werden.

---

[36] Vgl. die Zusammenstellung der Basissätze in [23], § 2, insbes. Satz 11.

Sitzungsberichte

der

Heidelberger Akademie der Wissenschaften

Mathematisch-naturwissenschaftliche Klasse

Jahrgang 1950

Heidelberg 1950

Springer-Verlag

Alle Rechte, insbesondere das der Übersetzung in fremde Sprachen,
vorbehalten

Copyright 1950 by Springer-Verlag, Berlin · Göttingen · Heidelberg

INHALT

Jahrgang 1950

Jahrgang 1940.

1. F. Eichholtz und W. Sertel. Weitere Untersuchungen zur Chemie und Pharmakologie der Heidelberger Radiumsole. DMark 2.20.
2. H. Maass. Über Gruppen von hyperabelschen Transformationen. DMark 1.20.
3. K. Freudenberg, H. Walch, H. Grieshaber und A. Scheffer. Über die gruppenspezifische Substanz A (5. Mitteilung über die Blutgruppe A des Menschen). DMark 0.60.
4. W. Soergel. Zur biologischen Beurteilung diluvialer Säugetierfaunen. DMark 1.—.
5. Annulliert.
6. M. Steck. Ein unbekannter Brief von Gottlob Frege über Hilbert's erste Vorlesung über die Grundlagen der Geometrie. DMark 0.60.
7. C. Oehme. Der Energiehaushalt unter Einwirkung von Aminosäuren bei verschiedener Ernährung. I. Der Einfluß des Glykokolls bei Hund und Ratte. DMark 5.60.
8. A. Seybold. Zur Physiologie des Chlorophylls. DMark 0.60.
9. K. Freudenberg, H. Molter und H. Walch. Über die gruppenspezifische Substanz A) 6. Mitteilung über die Blutgruppe A des Menschen). DMark 0.60.
10. Th. Ploetz. Beiträge zur Kenntnis des Baues der verholzten Faser. DMark 2.—.

Jahrgang 1941.

1. Beiträge zur Petrographie des Odenwaldes. I. O. H. Erdmannsdörffer. Schollen und Mischgesteine im Schriesheimer Granit. DMark 1.—.
2. M. Steck. Unbekannte Briefe Frege's über die Grundlagen der Geometrie und Antwortbrief Hilbert's an Frege. DMark 1.—.
3. Studien im Gneisgebirge des Schwarzwaldes. XII. W. Kleber. Über das Amphibolitvorkommen vom Bannstein bei Haslach im Kinzigtal. DMark 1.60.
4. W. Soergel. Der Klimacharakter der als nordisch geltenden Säugetiere des Eiszeitalters. DMark 1.40.

Jahrgang 1942.

1. E. Gotschlich. Hygiene in der modernen Türkei. DMark 0.60.
2. Studien im Gneisgebirge des Schwarzwaldes. XIII. O. H. Erdmannsdörffer. Über Granitstrukturen. DMark 1.60.
3. J. D. Achelis. Die Überwindung der Alchemie in der paracelsischen Medizin. DMark 1.40.
4. A. Benninghoff. Die biologische Feldtheorie. DMark 1.—.

Jahrgang 1943.

1. A. Becker. Zur Bewertung inkonstanter α-Strahlenquellen. DMark 1.—.
2. W. Blaschke. Nicht-Euklidische Mechanik. DMark 0.80

Jahrgang 1944.

1. C. Oehme. Über Altern und Tod. DMark 1.—.

1945, 1946 und 1947 sind keine Sitzungsberichte erschienen.

Abhandlungen der Heidelberger Akademie der Wissenschaften
Mathematisch-naturwissenschaftliche Klasse*)

21. L. van Werveke. Der Verlauf und das Alter der Hauptverwerfungen und der übrigen wichtigeren Störungen und Bewegungen im Gebiet des Mittelrheintalgrabens. 1934. DMark 5.—.
22. M. Schmidt. Fossilien der spanischen Trias. Mit einem Beitrag von J. v. Pia. Mit 6 Tafeln und 66 Textabbildungen. 1936. DMark 8.80.
23. E. Frentzen. Ontogenie, Phylogenie und Systematik der Amaltheen des Lias Delta Südwestdeutschlands. Mit 6 Tafeln und 43 Textabbildungen. 1937. DMark 11.20.
24. H. Vogt. Zur Physik des Sterninnern. I. Zur Theorie des Sternaufbaues. II. Entartung im Sterninnern. 1940. DMark 0.80.
25. W. Schmidle. Die Großformen der Bodenseelandschaft und ihre Geschichte. Mit 6 Karten und 8 Textabbildungen. 1944. DMark 5.80.

---

*)Bestellungen auf Abhandlungen, auch auf die früher erschienenen, nimmt die Weiß'sche Universitätsbuchhandlung in Heidelberg entgegen.